Lexikon | *obras de referência*

CLÁUDIA MARIA CAMPINHA DOS SANTOS
MARILDA NASCIMENTO CARVALHO
NÉLIA DA SILVA LIMA

química geral

Comitê editorial   Regiane Burger, Oscar Javier Celis Ariza, Cláudia Maria Campinha dos Santos

Líder do projeto   Cláudia Maria Campinha dos Santos

Autores dos originais   Cláudia Maria Campinha dos Santos, Marilda Nascimento Carvalho, Nélia da Silva Lima

Projeto editorial
Lexikon Editora

Diretor editorial
Carlos Augusto Lacerda

Coordenação editorial
Sonia Hey

Assistente editorial
Luciana Aché

Projeto gráfico
Paulo Vitor Fernandes Bastos

Revisão técnica
Profa. Dra. Denise Oliveira da Rosa

Revisão
Perla Serafim

Diagramação
Nathanael Souza

Capa
Sense Design

Imagem da capa
© davidf | iStockphoto.com – Coloured Science

© 2015, by Lexikon Editora Digital

Todos os direitos reservados. Nenhuma parte desta obra pode ser apropriada e estocada em sistema de banco de dados ou processo similar, em qualquer forma ou meio, seja eletrônico, de fotocópia, gravação etc., sem a permissão do detentor do copirraite.

CIP-BRASIL. CATALOGAÇÃO NA PUBLICAÇÃO
SINDICATO NACIONAL DOS EDITORES DE LIVROS, RJ

S234q

    Santos, Cláudia Maria Campinha dos
        Química geral / Cláudia Maria Campinha dos Santos, Marilda Nascimento Carvalho, Nélia da Silva Lima. - 1. ed. - Rio de Janeiro : Lexikon, 2015.
    216 p. ; 28 cm.
    Inclui bibliografia
    ISBN 978-85-8300-024-2

    1. Química. I. Carvalho, Marilda Nascimento. II. Lima, Nélia da Silva. III. Título.

CDD: 540
CDU: 54

Lexikon Editora Digital
Rua da Assembleia, 92/3º andar – Centro
20011-000 Rio de Janeiro – RJ – Brasil
Tel.: (21) 2526-6800 – Fax: (21) 2526-6824
www.lexikon.com.br – sac@lexikon.com.br

Sumário

Prefácio … 5

1. Introdução à química geral … 7

1.1 Introdução e conceitos fundamentais … 8
1.2 Energia e matéria … 11
1.3 Medidas e sistema métrico … 25

2. Teoria atômica e tabela periódica … 35

2.1 Átomos, evolução do modelo atômico e o modelo atômico moderno … 36
2.2 Partículas fundamentais, número e massa atômica, número de massa e semelhanças atômicas … 42
2.3 Números quânticos e orbitais atômicos … 44
2.4 Distribuição eletrônica por níveis e subníveis … 50
2.5 Propriedades periódicas … 58

3. Ligação química … 75

3.1 Símbolo de Lewis e a regra do octeto … 77
3.2 Ligações iônicas … 80
3.3 Ligações covalentes … 88
3.4 Polaridade de ligação … 92

4. Fundamentos das reações químicas … 103

4.1 Funções inorgânicas: ácidos, bases, sais e óxidos … 104
4.2 Leis ponderais … 123
4.3 Mol, massa molar, fórmula empírica, fórmula percentual e molecular … 126
4.4 Equações químicas e balanceamento das equações … 129
4.5 Cálculos estequiométricos … 133
4.6 Fatores que influenciam a velocidade de uma reação … 135

5. Soluções e unidades de concentração — **147**

    5.1 Misturas e soluções 148
    5.2 Solubilidade 151
    5.3 Concentrações das soluções e as unidades usuais 153

6. Fundamentos de termodinâmica química — **169**

    6.1 A natureza da energia e sua conservação 170
    6.2 A primeira lei da termodinâmica 172
    6.3 Espontaneidade de reações 182
    6.4 Pilhas 187
    6.5 Corrosão 198
    Apêndice 206

Prefácio

A química geral é uma disciplina de aulas teóricas e práticas, com carga horária de 72 horas, obrigatória para todos os cursos de engenharia. É frequente, contudo, ao começarmos as aulas, ouvirmos o seguinte questionamento: "Por que precisamos aprender química para sermos engenheiros?"

A química faz parte do nosso cotidiano e contribui de maneira efetiva na prática da engenharia. Ela está presente em muitos produtos importantes, inclusive naqueles que não são facilmente associados ao conhecimento químico como plásticos, tecidos, cosméticos, detergentes, tintas, medicamentos, desinfetantes, alimentos industrializados, bebidas, combustíveis, dispositivos eletrônicos, transistores, *lasers* e células solares.

Este livro compreende toda a disciplina, abordando aspectos teóricos e práticos por meio de exemplos. E foi dividido em seis capítulos. Os capítulos 1, 2 e 3 são mais teóricos e compreendem desde conceito de matéria até ligações químicas, enquanto nos capítulos 4, 5 e 6 são abordados os aspectos mais práticos, sendo de suma importância a compreensão desses conhecimentos.

Esperamos que este livro seja uma ferramenta de apoio às aulas de química geral. A química é a ciência das transformações. E o engenheiro deve ser capaz de compreender essas transformações e o mundo no qual estão inseridas. Por isso, avante! Precisamos de engenheiros inovadores que pensem à frente do seu tempo e transformem a vida das pessoas e do planeta com os seus projetos e empreendimentos.

OS AUTORES

1
Introdução à química geral

MARILDA NASCIMENTO CARVALHO

1 Introdução à química geral

1.1 Introdução e conceitos fundamentais

A química é uma ciência que estuda a matéria e as suas mudanças. Tudo que nos cerca, como o ar, as árvores, os objetos de metal e suas mudanças, por exemplo, a corrosão de um metal, faz parte dos estudos da química. A química é uma ciência experimental e o seu desenvolvimento tem sido, em grande parte, devido à aplicação de métodos científicos por meio de pesquisas sistemáticas. Muitas leis (resumo de uma grande quantidade de observações) e teorias (explicação formal de uma lei) são estudadas em química.

Alguns conceitos fundamentais que envolvem matéria e energia serão apresentados neste capítulo. Esses conceitos são úteis e constituem bases para a construção do conhecimento da química.

A química e seus ramos

A química, como ciência, tem se desenvolvido por meio da interdisciplinaridade, a qual busca conciliar os conceitos pertencentes a diversas áreas a fim de promover avanços, como a produção de novos conhecimentos ou mesmo como o surgimento de novas subáreas. Entretanto, tradicionalmente, a química possui três principais ramos que investigam as propriedades, as estruturas, os mecanismos de reações e os fenômenos de transformação da matéria. São eles: a química orgânica, a química inorgânica e a físico-química.

A *química orgânica* estuda os compostos de carbono, como, por exemplo, na petroquímica, polímeros, solventes, fertilizantes, e na análise orgânica, por meio do estudo dos mecanismos de reações orgânicas.

A *química inorgânica* estuda os demais elementos e seus compostos. Conhecida também como química mineral, este ramo da química estuda os elementos químicos e as substâncias que não possuem o carbono coordenado em cadeias: os ácidos inorgânicos, as bases, os sais e os óxidos. Por exemplo: metais, cerâmicas, rochas e solos.

A *físico-química* estuda os fenômenos físicos e químicos associados às propriedades da matéria, como a eletroquímica, pelo estudo de pilhas eletrolíticas e galvânicas, a termoquímica, quando estuda a energia das reações de combustão, ou a corrosão, quando estuda a oxidação de metais.

Os domínios da química ambiental, da química farmacêutica, da biotecnologia, da síntese de novos materiais, da química analítica, das tecnologias de aproveitamento de energia, da nanotecnologia e da química computacional são outros segmentos em franco desenvolvimento que possuem suas bases na ciência química.

Todo esse desenvolvimento, entretanto, tem seu custo, e a natureza cobra caro pelo uso indiscriminado dos recursos que ela oferece ao homem. Assim, impõe-se como desafio uma química que substitua processos químicos danosos para o ambiente por processos benignos e sustentáveis (chamada também de tecnologia mais limpa).

A química e a evolução da sociedade

A química, como ciência e suas aplicações, tem contribuído significativamente para o avanço da civilização. Considerada a ciência da matéria e de suas transformações, a química proporciona o conhecimento indispensável para satisfazer as necessidades da sociedade, seja na saúde, no ambiente, na agricultura, nos transportes ou por meio do desenvolvimento de novos materiais.

Pode-se afirmar que um dos primeiros fenômenos de transformação da matéria observados pela civilização pré-histórica foi o fogo. O domínio do fogo no período paleolítico representou um grande marco, pois permitiu ao homem se aquecer durante os períodos frios, iluminar para caçar, assar o alimento e espantar os animais que o ameaçavam. Todas essas mudanças certamente provocaram uma melhoria das condições de vida da civilização passada.

Mais tarde, a descoberta do aço foi um outro grande impacto na sociedade. O cobre e o ouro já eram extraídos pelo homem, por volta de 6000 a.C, em seu estado metálico, diretamente do solo e trabalhados pela técnica de martelamento. O conhecimento de técnicas de obtenção de cobre e chumbo a partir de seus minérios se deu entre o período de 4000 e 3000 a.C, permitindo a produção do bronze (3000 a.C.), uma liga de cobre (90%) e estanho (10%). Essa nova liga podia ser facilmente moldada e era um material mais resistente e duro, o que permitia diversas aplicações, como a confecção de

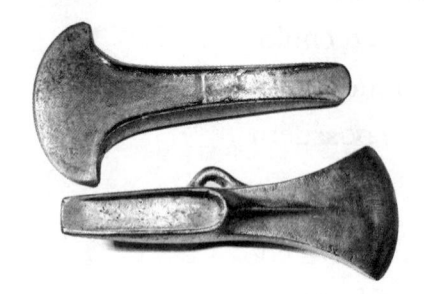

> **? CURIOSIDADE**
>
> Idade do Bronze
>
> © Mark Eaton

armas (espadas e facas). Foi em razão da importância da utilização do bronze neste período que ele passou a ser denominado "*Idade do Bronze*". Assim, o uso dos metais proporcionou maior poder do homem sobre o ambiente.

O desenvolvimento do aço exerceu um papel fundamental na influência da química na sociedade. Entre os séculos XX e XXI, a indústria química vem apresentando uma evolução gigantesca, gerando mudanças significativas na vida da humanidade. A Revolução Industrial foi o marco para o desenvolvimento da indústria. Transformações na agricultura, com a implantação de fertilizantes industriais, aumentaram a produção e a qualidade dos alimentos, e isso se reverteu na melhoria da qualidade de vida da humanidade, no aumento da expectativa de vida das pessoas.

A química também foi responsável por várias transformações importantes que resultaram em benefícios para a sociedade atual. Nos processos químicos de refinamento do petróleo, no uso de biocombustíveis e de energias alternativas, a energia e suas transformações representam a mola propulsora para o aperfeiçoamento dos transportes, da comunicação e no desenvolvimento de novos materiais empregados nas mais variadas aplicações em ciências e tecnologias. Presente não só na formulação de matérias-primas utilizadas na produção, a química também está presente em produtos acabados que, adicionados a outros itens, melhoram seu desempenho. Na engenharia civil, impermeabilizantes, selantes e massas de vedação, membranas de cura, seladores e vernizes para concreto são produtos químicos amplamente utilizados.

A química é considerada uma ciência central, essencial para setores tecnológicos e áreas afins. A implantação de novas tecnologias, bem como seu aprimoramento, resulta em relevantes benefícios para a civilização atual. Por exemplo, na engenharia mecânica, através da melhoria da eficiência das máquinas com o estudo da termoquímica e da termodinâmica; na engenharia de petróleo, pelo uso de transformações do óleo bruto em combustíveis; na engenharia de materiais, por meio do desenvolvimento de polímeros e de novos materiais; na engenharia química, pelo aperfeiçoamento de catalisadores para reações químicas.

A química tem sido cada vez mais importante tanto na formação, quanto na atividade profissional do engenheiro, especialmente porque as novas tecnologias exigem produtos específicos e operações mais técnicas para as variadas aplicações.

De acordo com o Conselho de Atribuição para Engenharia e Tecnologia – ABET, o órgão que supervisiona o ensino de engenharia:

> "A engenharia é a profissão cujo conhecimento das ciências matemáticas e naturais, obtido por meio de estudos, experiências e prática, é aplicado com o bom senso para o desenvolvimento de maneiras de utilizar, economicamente, os materiais e as forças da natureza em benefício da humanidade."

A sociedade moderna é impulsionada por novas descobertas da química associadas aos benefícios que ela traz às demandas de consumo da sociedade atual. Entretanto, o avanço tecnológico tem implicado elevados custos à saúde humana e ao meio ambiente. Assim, podemos dizer que consumir é uma necessidade, porém essa necessidade passa a ser um problema quando suas proporções extrapolam os limites de uma relação sustentável do homem com o meio ambiente.

1.2 Energia e matéria

Um conceito geral sobre a ciência química envolve o estudo das propriedades da *matéria* e suas diversas interações. A matéria é essencialmente constituída de elementos e seus compostos, frequentemente definida como "tudo que tem massa e ocupa lugar no espaço". As propriedades e características da matéria estão relacionadas com as interações ou combinações. Essas interações ocorrem por causa do movimento da *energia*. A energia da transformação da matéria pode ser liberada ou pode ser adquirida.

Para a quantificação da energia envolvida nas transformações químicas, duas leis são fundamentais: a lei da conservação da massa (a soma das massas dos reagentes é igual à soma das massas dos produtos) e a lei da composição definida (cada composto tem sua característica própria e composição em massa definida).

Para uma melhor compreensão, imaginemos uma porção de matéria escolhida para realizar um determinado estudo ou observação, aqui denominada *sistema*. Um sistema pode ser uma peça de ferro, um tanque de combustível, um gás dentro de um cilindro ou uma substância dentro de um tubo de ensaio. O sistema pode ganhar ou perder energia de diferentes formas; por exemplo, nas formas de calor ou de trabalho. As reações químicas são acompanhadas de uma liberação ou absorção de energia em forma de calor, mesmo que em quantidades imperceptíveis aos nossos sentidos. Por exemplo, a combustão do etanol é uma reação química em que há liberação de calor. Isso significa que a energia dos reagentes (etanol e oxigênio) é maior que a energia dos produtos (CO_2 e água), portanto, calor é liberado.

Propriedades e composição da matéria

As propriedades da matéria podem ser classificadas como propriedades físicas e propriedades químicas. As propriedades físicas são aquelas que não mudam a identidade de uma substância. A massa, a cor, o estado físico, a temperatura e o ponto de fusão (temperatura em que uma substância passa do estado sólido para o estado líquido) são exemplos de propriedades físicas de uma matéria.

As propriedades químicas são as que mudam a identidade de uma substância. São propriedades relacionadas com a capacidade de uma substância se transformar em outra substância. Assim, a nova substância assume novas propriedades.

As propriedades podem ser classificadas como extensivas ou intensivas. Uma propriedade é extensiva quando depende do tamanho da matéria, como massa e volume. Uma propriedade intensiva é aquela que define o estado da matéria, não depende do tamanho de uma determinada matéria. Temperatura, pressão, ponto de fusão ou cor são propriedades intensivas.

Suponhamos que um fio de cobre esteja a uma temperatura de 70 °C. Se esse fio de cobre for cortado ao meio, sua temperatura permanecerá a 70 °C, mas sua massa diminuirá pela metade. A temperatura é uma propriedade intensiva porque não depende do tamanho do material, enquanto a massa é uma propriedade extensiva.

A densidade absoluta de uma substância ou massa específica é uma propriedade intensiva, obtida pelo quociente de duas propriedades extensivas, a massa (m) pelo volume (V) da substância.

$$\rho = \frac{m}{V}$$

ρ	densidade absoluta [kg/m³]
m	massa [kg]
V	volume [m³]

A densidade de uma substância não depende de seu tamanho. Observe que, quando duplicamos o volume, a massa também duplica. E a razão, densidade, permanece a mesma. Portanto, densidade é uma propriedade intensiva.

EXERCÍCIOS RESOLVIDOS

1) Um bloco de aço fundido mede 0,8 m x 1 m x 1,5 m. Qual a massa dessa peça se a densidade do aço é de 7.200 kg/m³?

Solução

A densidade é a unidade de massa dividida pela unidade de volume, dada pela equação:

$$\rho = \frac{m}{V} = \left[\frac{Kg}{m^3}\right]$$

O volume da peça pode ser facilmente calculado pelas dimensões dadas do bloco:

volume = altura x comprimento x largura
V = 0,8[m] x 1[m] x 1,5[m] = 1,2 m³

Então, a massa pode ser determinada:

$$m = \rho V = 7.200 \left[\frac{Kg}{m^3}\right] \times 1,2[m^3] = 8.640 \text{ kg}$$

2) Uma esfera de chumbo pesando 350 g foi introduzida em um cilindro graduado cheio de água. O nível da água subiu 30 ml. Calcule a densidade do chumbo.

Solução

$$\rho = \frac{m}{V}$$

A massa de chumbo é de 350 g e o volume deslocado de água corresponde ao volume ocupado pela esfera de chumbo. Portanto, o volume de chumbo é de 30 mL = 30 cm³.
Logo, a densidade do chumbo é:

$$\rho = \frac{350\ [g]}{30\ [cm^3]} = 11{,}67 \frac{g}{cm^3} = 1{,}16 \times 10^4\ kg/m^3$$

Matéria e suas organizações: elementos, compostos e misturas

A matéria é composta por átomos que se ligam para formar os elementos e seus compostos, os quais se apresentam, na natureza, sob três formas principais (figura 1.1), denominadas *estados da matéria*.

Figura 1.1 Os estados principais da matéria

As forças que unem as moléculas são denominadas forças intermoleculares. Essas forças não são fortes como as ligações químicas, mas são fundamentais na análise das energias envolvidas nas transições entre os diferentes estados da matéria: sólido, líquido e gasoso. Além disso, as forças intermoleculares estão diretamente relacionadas às propriedades macroscópicas das substâncias, como ponto de fusão, ponto de ebulição, tensão superficial ou viscosidade. Por exemplo, um líquido entra em ebulição quando se formam bolhas de seu vapor. As moléculas de um líquido devem vencer as forças de atração para que se separem e formem um vapor. Quanto mais fortes as forças de atração, maior é a temperatura na qual o líquido entra em ebulição. De forma similar, o ponto de fusão de um sólido aumenta à medida que as forças intermoleculares ficam mais fortes.

Identificam-se três tipos de forças atrativas entre moléculas neutras: forças dipolo-dipolo, de dispersão de London e de ligação de hidrogênio. Essas forças são também chamadas forças de Van der Waals em homenagem ao físico holandês Johannes Van der Waals (1837-1923), que estudou e propôs a existência dessas forças.

A matéria no estado sólido possui os átomos arranjados muito perto uns dos outros e praticamente não alteram o seu volume por variações da pressão ou da temperatura. Assim, os sólidos possuem forma mais rígida porque seus átomos não podem se movimentar com facilidade, são denominados cristalinos. O contrário ocorre nos gases cujos átomos e moléculas são mais soltos e podem se movimentar com muito mais facilidade a intensidade das forças entre as moléculas do gás é mais fraca e ele assume a forma do recipiente que o armazena. Os líquidos, embora possuam seus átomos também próximos uns dos outros, possuem energia suficiente para se movimentar, são fluidos e, como os gases, se moldam ao volume do recipiente onde estão contidos, porém, possuem superfície livre e seu volume se altera bem menos que os gases pela variação de temperatura e pressão.

A matéria que contém duas ou mais substâncias é conhecida como mistura. As misturas variam de composição e podem ser *homogêneas* ou *heterogêneas*. As misturas homogêneas são aquelas cujos componentes não conseguimos distinguir; apresentam-se uniformes, portanto *monofásicas*. O ar atmosférico (mistura de gases), o petróleo e o concreto são exemplos de misturas homogêneas. Por outro lado, em uma mistura heterogênea como o **_granito_**, identifica-se facilmente a presença de diferentes substâncias.

Na engenharia, os estados da matéria líquido e gasoso são, frequentemente, denominados *fluidos* por causa das diversas aplicações na mecânica dos fluidos, que envolve o escoamento de fluidos, normalmente líquidos e gases. Por exemplo, o bombeamento da água, a compressão ou refrigeração do ar ou a geração de vapor d'água.

> ★ **EXEMPLO**
>
> Granito
>
> © Michal Baranski
>
> Granito como exemplo de uma mistura heterogênea sólida.

> **EXEMPLO**
> Enxofre
>
> © Marilda Carvalho

De forma simples, a classificação da matéria pode ser representada segundo o esquema da figura 1.2.

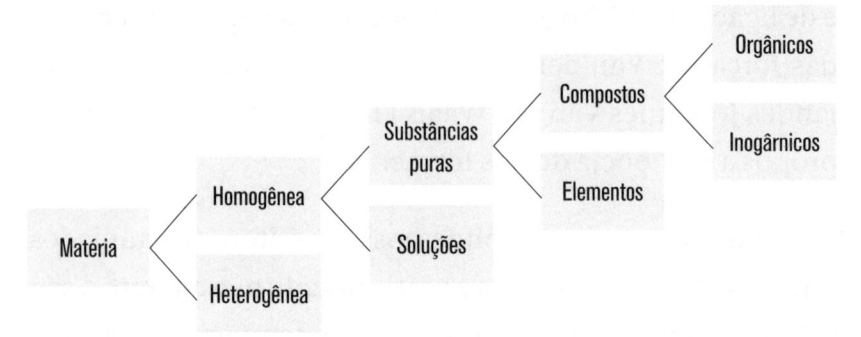

Figura 1.2 Classificação da matéria

As soluções são misturas homogêneas formadas por duas ou mais substâncias. Nas soluções, a substância presente em maior quantidade é denominada solvente, e a outra é denominada soluto. As misturas podem ocorrer em qualquer composição desejada e sua quantificação se relaciona com diversas aplicações na engenharia. Por exemplo, o monitoramento de um poluente nas emissões gasosas de uma fábrica envolve a determinação da concentração deste poluente na mistura gasosa. A determinação do teor de álcool em uma mistura homogênea em uma indústria de bebidas.

Substâncias puras são aquelas que possuem um conjunto de propriedades, características particulares, que a identifica e que não pode ser subdividido em outras substâncias. As substâncias puras se dividem em *elementos* e *compostos.*

O *elemento* é uma substância simples, fundamental e elementar. É representado por símbolo. São exemplos de elementos com seus respectivos símbolos: ferro (Fe), prata (Ag), chumbo (Pb), mercúrio (Hg), ouro (Au), cloro (Cl), carbono (C), hidrogênio (H), oxigênio (O), cobre (Cu) e **_enxofre_** (S), este último representado na imagem acima.

Uma característica importante do elemento é que este não pode ser separado ou decomposto em substâncias mais simples.

Existem substâncias simples que, mesmo sendo formadas por um mesmo elemento químico, são diferentes e, portanto, possuem características completamente diferentes. Esse fenômeno é denominado *alotropia*, e seus compostos são chamados alótropos. Por exemplo, elemento carbono (símbolo C) origina as substâncias simples *grafite* e *diamante* de forma natural. O grafite é um sólido escuro e apresenta massa específica de 2,22 g/cm³. Do ponto de vista microscópico, é um sólido constituído pela união de uma grande quantidade de átomos de carbono e apresenta geometria molecular trigonal plana. Já o diamante é um sólido transparente e muito duro, apresenta massa específica de 3,51 g/cm³ e é considerado a substância natural mais dura conhecida. Sua dureza é atribuída à geometria em forma de tetraedros de carbono.

Os 112 elementos conhecidos são arranjados em famílias na *Tabela Periódica*. Os elementos estão dispostos na ordem crescente do número atômico e estão organizados em colunas verticais chamadas de *grupos* (1 a 18), que identificam as famílias dos elementos, e em linhas horizontais denominadas *períodos* (1 a 7). Os elementos de um mesmo grupo possuem propriedades semelhantes. Por exemplo, no grupo 18 estão os elementos denominados gases nobres. A característica presente em todos esses elementos é que apresentam baixa reatividade em relação a outros elementos da Tabela Periódica. Assim, considerados estáveis, os gases nobres reagem muito pouco com outros elementos, sendo conhecidos também como *gases inertes*.

De uma forma geral, os elementos são classificados na tabela periódica como metais, não metais [ametais] e metaloides. Os elementos possuem características gerais semelhantes.

Os metais como o cromo e o estanho (figura 1.3), o cobre, a prata, o ferro, o zinco ou o ouro conduzem eletricidade, possuem brilho, são dúcteis, ou seja, se deformam sob uma tensão cisalhante, e são maleáveis.

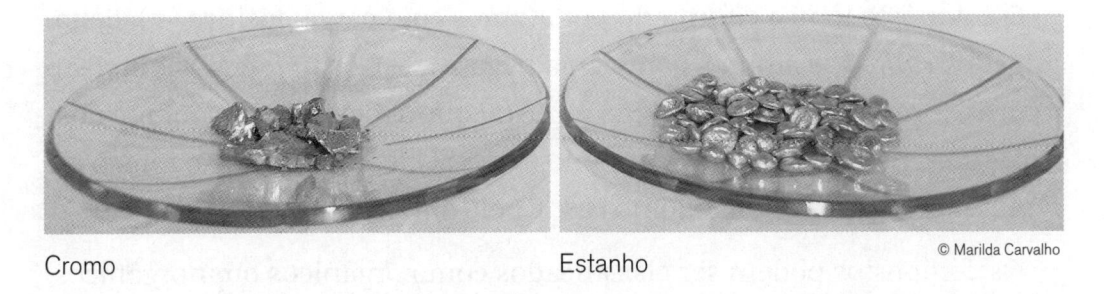

Cromo　　　　　　　　　Estanho

Figura 1.3 Metais de substância simples elementar: cromo (à esquerda) é um elemento químico cujo símbolo é o Cr, o estanho (à direita) de símbolo Sn

Os ametais (carbono, fósforo) não conduzem eletricidade e não são maleáveis nem dúcteis.

Os metaloides (boro, silício, arsênio) possuem aparência de metal, porém se comportam quimicamente como não metal.

O *composto* é uma substância eletronicamente neutra formada por dois ou mais elementos diferentes. A água é um composto formado por átomos de hidrogênio (H) e oxigênio (O) que se combinaram na proporção de dois átomos de hidrogênio e um átomo de oxigênio. Os compostos são representados por fórmulas químicas. A fórmula molecular é uma combinação dos símbolos de seus elementos. Por exemplo: água (H_2O), cloreto de sódio (NaCl), dióxido de carbono (CO_2), amônia (NH_3). Os compostos também podem ser representados por meio de fórmulas estruturais. Essas fórmulas indicam como os átomos se ligam. Por exemplo, a fórmula estrutural do gás metano pode ser representada pela figura abaixo.

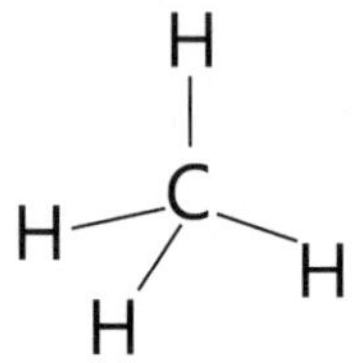

Figura 1.4 Fórmula estrutural do metano

Os compostos podem ser moleculares, se forem constituídos por moléculas, ou iônicos, se formados por íons.

Em um composto molecular, os átomos estão unidos por ligações devido a uma reação química. O composto formado, então, possui propriedades físicas e químicas diferentes daquelas dos elementos que o formaram. Portanto, propriedades como massa específica, dureza ou ponto de fusão são substituídas pelas propriedades características do composto. Ao contrário dos elementos, os compostos podem ser separados, embora a separação de determinados compostos seja extremamente difícil.

O composto iônico é formado por átomos com carga positiva (+), denominados *cátions*, e átomos com carga negativa (−), os *ânions*. O composto iônico é formado por íons em uma razão tal que o total é eletricamente neutro. Por exemplo, o sulfato de amônio $(NH_4)_2SO_4$ é um composto iônico e é representado pelo cátion amônio NH_4^+ e pelo ânion sulfato SO_4^{2-}.

Os compostos podem ser classificados como orgânicos ou inorgânicos. Os compostos orgânicos representam os compostos do carbono. Existe um vasto número de compostos orgânicos. Os combustíveis, os polímeros, os fármacos, o biogás são compostos orgânicos. Os compostos inorgânicos são os demais compostos. A água, o ácido sulfúrico e a soda cáustica são exemplos de compostos inorgânicos.

A energia e suas formas

São conhecidas diversas formas de energia: energia elétrica, energia mecânica (cinética e potencial), energia solar, energia nuclear, energia eólica etc.

A lei da conservação da energia estabelece que a energia não pode ser criada, nem perdida, mas transformada em outras formas de energia. A energia térmica pode ser convertida em energia cinética; a energia eólica pode ser transformada em energia potencial, ou a energia cinética pode ser convertida em energia elétrica. Por exemplo, se um objeto for levantado acima da superfície da Terra contra a força de oposição da gravidade, sua energia potencial aumenta e sua distância, em relação à superfície, também aumenta. Se o objeto é solto no ar, este cai em direção ao solo, sua energia potencial decresce, assim como sua distância em relação à superfície. Simultaneamente, aumenta a energia cinética do objeto, pois sua velocidade é aumentada, como um resultado da aceleração do objeto pela ação da força da gravidade. Portanto, a energia potencial do objeto foi convertida em energia cinética; ao atingir o solo, ocorrem outras conversões de energia, a energia cinética é convertida em calor, som e em outras formas. Na realidade, a energia é convertida em diversas formas sem haver nenhuma perda na energia total.

O *calor* pode ser definido como uma forma de energia que é transferida de um corpo (matéria) mais quente para um corpo mais frio. O calor adquirido pelo corpo pode elevar a sua temperatura, ou mesmo causar uma mudança de estado físico, ocorrendo fenômenos como a fusão (passagem do estado sólido para o líquido) ou a ebulição (passagem do estado líquido para o vapor) de uma substância. A temperatura de uma substância é a medida da energia cinética média das partículas constituintes da substância. Temperatura pode ser entendida como a grandeza que caracteriza o estado térmico de um objeto.

O termo *energia química* é o termo particular usado para a energia transferida durante uma reação química. Entretanto é o nome para a soma das energias potencial e cinética das espécies (átomos, moléculas, íons) que participam da reação química.

Em todas as transformações químicas, a matéria absorve ou libera energia. As transformações químicas podem ser usadas para produzir formas diferentes de energia.

A energia calorífica e a luminosa são liberadas a partir de uma reação de combustão do gás natural ou da gasolina por exemplo. A energia elétrica para a partida de veículos a motor é produzida por uma transformação química na bateria.

A energia como conceito na química, pode ser definida como a capacidade de realizar trabalho. E trabalho é o movimento contra uma força que atua em oposição.

Por exemplo, um trabalho está sendo realizado quando se levanta um peso contra a força da gravidade. Outro bom exemplo de trabalho pode ser observado quando, em um conjunto pistão-cilindro contendo um gás a uma determinada pressão, ocorre o movimento para cima (deslocamento) do pistão contra a pressão de um gás que se expande. (figura 1.5)

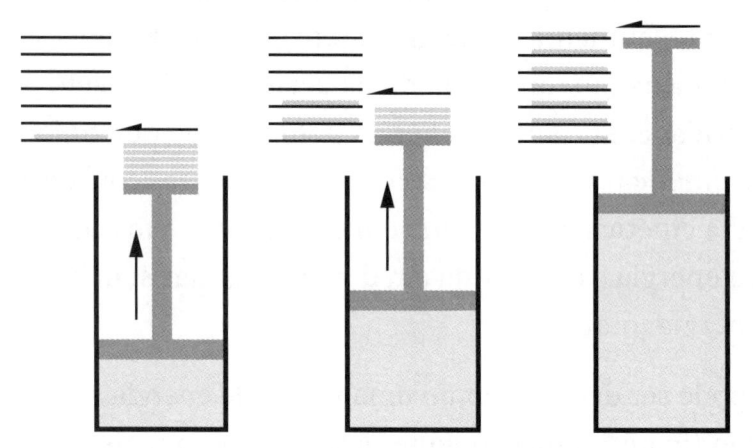

Figura 1.5 Ilustração da expansão de um gás

A equação geral para esta energia pode ser escrita da seguinte forma:

$$\text{energia} = \text{força} \times \text{deslocamento}$$

A unidade de energia no Sistema Internacional (SI) é joule (J)

Unidade de Energia no SI $\quad\quad\quad 1\ J = 1\ kg \cdot m^2/s^2$

Frequentemente, as formas de energia de transformação física e/ou química da matéria são identificadas como energia interna, energia cinética e energia potencial. A energia interna representa a energia de uma substância associada aos movimentos, interações e ligações dos seus elementos constituintes. A energia cinética e a energia potencial são formas de energia relacionadas ao movimento e à posição do sistema em relação a um referencial externo. A energia total de um sistema pode ser escrita:

$$\text{Energia Total} = \text{Energia Interna} + \text{Energia Cinética} + \text{Energia Potencial}$$
$$E_{total} = U + E_c + E_p$$

A entalpia (H) é uma quantidade termodinâmica que é útil na descrição de trocas de calor em pressão constante. Por exemplo, a entalpia de vaporização da água (veja a equação) é a quantidade de energia necessária para transformar a água líquida em água no estado de vapor. Neste caso, ocorre a absorção de energia na forma de calor, caracterizando um processo endotérmico, portanto o valor da entalpia de vaporização será sempre positivo.

$$H_2O_{(l)} \rightarrow H_2O_{(v)} \quad \Delta H_{vaporização} = +44 \text{ kJ}$$

Por outro lado, a entalpia de combustão é a energia liberada na combustão completa de 1 mol de uma substância no estado padrão. Tais reações liberam energia na forma de calor, caracterizando uma reação exotérmica com a variação da entalpia negativa. Por exemplo, a energia liberada na combustão de 1 mol de metano é de –890 kJ/mol.

$$CH_{4(g)} + \tfrac{1}{2} O_2 \rightarrow 1\ CO_{2(g)} + 2\ H_2O \quad \Delta H_{combustão} = -890{,}4 \text{ kJ/mol}$$

A entalpia de um sistema é definida como a soma de sua energia interna e o produto pressão-volume:

$$H = U + PV$$

A energia cinética é a energia associada ao movimento de um corpo. Ela depende da massa e da velocidade do objeto. Logo, se dois corpos possuem massas diferentes e se movem a uma mesma velocidade, o corpo de maior massa terá maior energia cinética. Matematicamente, essas formas de energia podem ser escritas:

Energia cinética – energia de movimento

$$E_c = \frac{1}{2} mv^2$$

E_c	energia cinética [J]
m	massa do corpo [kg]
v	velocidade [m.s−1]

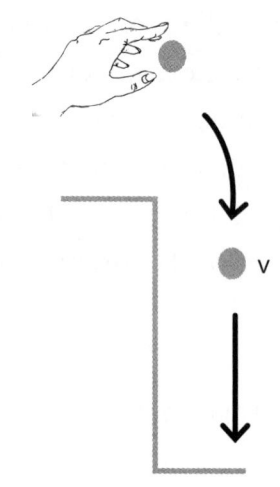

Figura 1.6 Uma bola solta no ar tem a energia potencial transformada em energia cinética

A energia potencial é aquela que está relacionada com a posição do objeto e depende da sua massa. Um objeto, por exemplo, adquire energia potencial quando é elevado (suspenso) a uma distância (h) por uma força contrária à força da gravidade. A aceleração da gravidade vale aproximadamente 9,8 m/s². Essa energia pode ser representada por:

Energia potencial – energia de posição

$$E_p = mgh$$

E_p	energia potencial [J]
m	massa do corpo [kg]
g	aceleração da gravidade [m/s²]
h	posição em relação a um referencial [m]

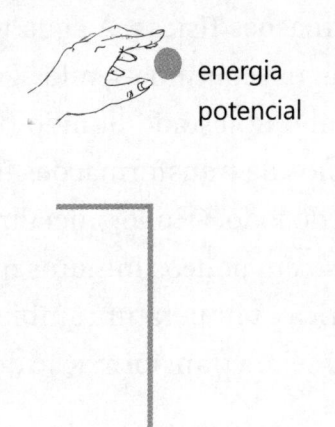

Figura 1.7 Uma bola suspensa adquire energia potencial

EXERCÍCIO RESOLVIDO

3) Uma aeronave pesando 90 toneladas voa a uma velocidade de 2.300 km/h a uma altitude de 13 km. Qual a energia total (cinética e potencial) da aeronave?

Solução

Inicialmente, calcula-se a energia potencial:

$$E_p = mgh$$
$$E_p = 90.000 \text{ kg} \times 9,8 \text{ m/s}^2 \times 13.000 \text{ km}$$
$$E_p = 1,15 \times 10^{10} \text{ J}$$

Em seguida, calcula-se a energia cinética:

$$E_c = \frac{1}{2} mv^2$$
$$E_c = \frac{1}{2} (90.000 \text{ kg}) \left(\frac{2.300.000 \text{ m}}{3.600 \text{ s}} \right)^2$$
$$E_c = 1,84 \times 10^{10} \text{ J}$$

A energia total do sistema é:

$$E_{total} = E_p + E_c$$
$$E_{total} = 1,15 \times 10^{10} \text{ J} + 1,84 \times 10^{10} \text{ J}$$
$$E_{total} = 2,99 \times 10^{10} \text{ J}$$

Estado físico da matéria e a energia de transformação

A matéria pode sofrer transformações físicas e/ou químicas. As transformações físicas não alteram a identidade da matéria. As mudanças de estado são exemplos de transformações físicas. A água nos estados sólido (gelo), líquido e gasoso (vapor d'água) continua sendo água, não se transforma em outra substância. O chumbo no estado líquido (fundido) continua sendo chumbo. Estes são exemplos de transformações físicas. A figura 1.8 ilustra uma transformação física do iodo. O iodo, inicialmente no estado sólido, se transforma em iodo gasoso em poucos minutos quando em contato com o ar e com pressão atmosférica e temperatura ambiente. Esse fenômeno é denominado sublimação, ou seja, a transformação do estado sólido em estado gasoso.

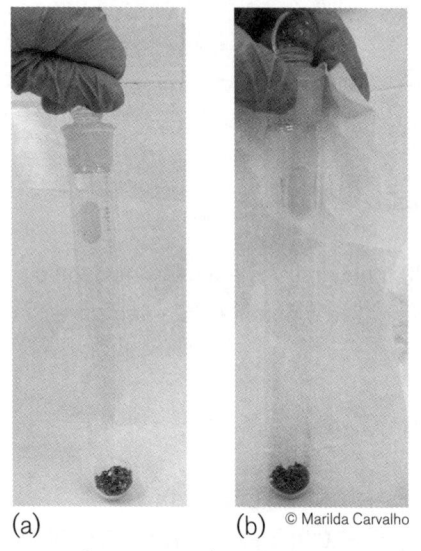

Figura 1.8 Transformação física (sublimação) – o iodo se transforma do estado sólido (a) em estado de vapor (b)

(a) Inicialmente o iodo encontra-se no estado *sólido* (imagem a). A temperatura e a pressão foram mantidas constantes.

(b) Depois de alguns minutos, parte do iodo começa a entrar no estado *gasoso*. O iodo na parede do tubo de ensaio adquire a cor amarelo-avermelhada (imagem b).

As transformações químicas são aquelas em que uma substância se transforma em outra. Assim, a nova substância assume novas propriedades, completamente diferentes da substância de origem. Essas transformações químicas se denominam reações químicas. Nelas, as substâncias que reagem entre si são denominadas *reagentes* e as novas substâncias produzidas são chamadas de *produtos*. Por exemplo: a combustão completa do gás natural (CH_4, metano, em maior proporção) é uma reação química que envolve a oxidação do carbono e do oxigênio, cujos produtos são dióxido de carbono (CO_2) e água (H_2O), e libera energia em forma de calor para o meio externo. As reações químicas são representadas por meio de equações químicas. A equação química para a combustão do metano (gás natural) pode ser escrita da seguinte forma:

$$CH_4(g) + 2O_2(g) \rightarrow CO_2(g) + 2H_2O(g) + \text{Energia } (-802 \text{ kJ/mol}^1)$$

O calor de uma reação de combustão é resultante da quebra de ligações dos reagentes e da formação de novas ligações para formar os produtos. Na equação acima, a energia de 802 kJ/mol[1] liberada pela combustão do metano corresponde ao calor de reação. O sinal negativo indica que o sistema perdeu energia em forma de calor. O calor da reação que ocorre em recipiente aberto e a uma pressão constante corresponde à variação de *entalpia* (ΔH), que será estudada mais adiante em termoquímica.

1.3 Medidas e sistema métrico

As medidas constituem uma rotina numa ciência experimental como a química. Por meio de medições, o químico pode calcular os resultados de uma transformação física ou química da substância em estudo. Quando se expressa a quantidade de algo é necessário estabelecer o valor numérico e a unidade. Por exemplo, uma massa de dois gramas de sal de cozinha (NaCl), pesada em balança analítica, deve ser expressa como: 2,0000 g. Os dígitos (zeros) depois da vírgula usados para expressar a quantidade medida são denominados algarismos significativos.

O sistema internacional (SI)

O Sistema Internacional (SI) é uma versão do sistema métrico de unidades aceita internacionalmente. SI é a abreviação para a expressão em francês *Système International d'Unités*. Aprovado pela União Internacional de Química Pura e Aplicada (IUPAC) e outros organismos internacionais, o SI define sete unidades básicas que expressam todas as quantidades físicas.

A tabela 1.1 mostra as sete quantidades básicas e os respectivos símbolos e unidades.

TABELA 1.1 SETE QUANTIDADES BÁSICAS		
QUANTIDADE FÍSICA	UNIDADE	SÍMBOLO
massa	quilograma	kg
tempo	segundo	s
temperatura	kelvin	K
comprimento	metro	m
quantidade de substância	mol	mol
intensidade luminosa	candela	cd
corrente elétrica	ampère	A

O valor de uma quantidade física medida, como massa, volume ou comprimento, é registrado como múltiplo de uma determinada unidade. Por exemplo, o volume de 6 litros de uma determinada substância equivale a 6 vezes a unidade de 1 litro (6 vezes 1 litro).

As unidades básicas podem ser combinadas para que formem as unidades derivadas. Por exemplo, a área de uma superfície é o produto de duas medidas de comprimento, então a unidade derivada de área é metro quadrado (m^2). Algumas unidades derivadas encontram-se na tabela 1.2.

TABELA 1.2 UNIDADES DERIVADAS		
QUANTIDADE FÍSICA	UNIDADE	SÍMBOLO
área	metro quadrado	m^2
volume	metro cúbico	m^3
densidade	quilograma por metro cúbico	kg/m^3
pressão	pascal	Pa
energia	joule	J
força	newton	N
velocidade	metro por segundo	m/s^1

$$1\ Pa = 1\ [N/m^2]; \qquad 1\ J = 1\ [N.m]; \qquad 1\ N = 1\ [kg.m/s^2]$$

As unidades do SI são usadas na maioria dos cálculos em química. Entretanto, outras unidades que aparecem frequentemente não pertencem ao SI. Por exemplo, as unidades de volume litro (L) e seu submúltiplo mililitro (mL). Embora o litro tenha sido definido como o volume ocupado por um quilograma de água a 3,98 °C, ele foi redefinido em 1964 como exatamente igual a um decímetro cúbico (dm^3). Isso significa que, com esta definição, o mililitro é igual ao centímetro cúbico (cm^3). As unidades mililitro e litro, frequentemente utilizadas, são tradicionais e convenientes para muitas finalidades químicas.

EXERCÍCIOS RESOLVIDOS

4) Calcule a densidade de uma liga metálica cuja massa é de 450 g e que tem um volume de 52 cm^3. Expresse o resultado na unidade SI.

Solução

A unidade de densidade é a unidade de massa dividida pela unidade de volume, isto é, quilograma por metro cúbico (kg/m^3). Logo a densidade escrita como:

$$\rho = \frac{m}{V} = \frac{kg}{m^3}$$

Portanto,

$$\rho = \frac{450}{52} \times \frac{g}{cm^3} = \frac{450}{52} \times \frac{10^{-3}\ kg}{(10^{-2}\ m^3)} = 8{,}6 \times 10^3\ kg/m^3$$

5) Qual o volume contido duas toneladas de aço fundido. Considere a densidade do aço 7.200 kg/m^3.

Solução

1 tonelada (1 ton) = 10^3 kg, então 2 ton é igual 2×10^3 kg, utilizando a equação da densidade:

$$\rho = \frac{m}{V} = \left[\frac{kg}{m^3}\right]$$

Substituindo os valores de d e m, calcula-se o volume do aço:

$$V = \frac{m}{\rho} = \frac{2 \times 10^3\ kg}{7.200\ kg/m^3} = 0{,}28\ m^3$$

Temperatura é uma propriedade intensiva e está relacionada com a transferência de energia em forma de calor de um corpo para o outro. Por exemplo, se colocarmos um refrigerante em contato com algumas pedras de gelo, haverá uma troca de calor do refrigerante para as pedras de gelo, assim o refrigerante cede calor para as pedras de gelo, tornando-se mais frio. As principais escalas de temperatura para medir essa transferência são as escalas Celsius, kelvin e Fahrenheit (figura 1.9).

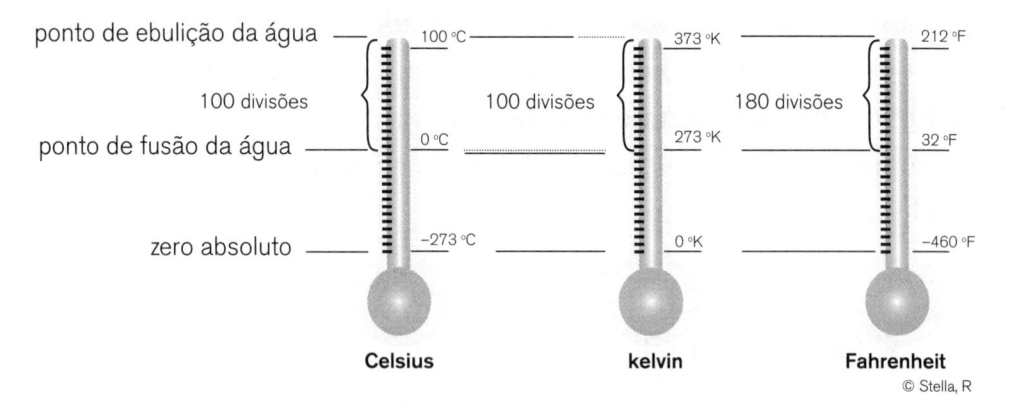

Figura 1.9 Escalas de temperatura

A escala Celsius é definida atribuindo-se zero ao ponto de congelamento da água (0°) e 100° ao seu ponto de ebulição. A escala kelvin atribui zero à temperatura mais baixa que se pode atingir, chamada de zero absoluto. Estudos comprovaram que essa temperatura mínima corresponde a –273,15 °C; as unidades kelvin e Celsius possuem em o mesmo tamanho. Dessa forma, o ponto de congelamento da água ocorre a 0 °C ou 273 K. Portanto, para converter valores de temperatura da escala Celsius para a escala kelvin, ou vice-versa, utiliza-se a seguinte equação:

$$T(K) = \frac{1K}{1°C}(T°C + 273,15°C)$$

Caso a temperatura seja expressa em °F (Fahrenheit), a conversão para °C (Celsius) pode ser realizada conforme a equação descrita abaixo:

$$T(°C) = \frac{5°C}{9°F}[T(°F) - 32]$$

EXERCÍCIO RESOLVIDO

6) Em regiões desérticas, as temperaturas ultrapassam 110 °F. Expresse essa temperatura em °C.

Solução
De acordo com a fórmula:

$$T(°C) = \frac{5\ °C}{9\ °F}[T(°F) - 32]$$

Substituindo os valores:

$$T(°C) = \frac{5\ °C}{9\ °F}[110 - 32]$$

$$T(°C) = 0{,}55 \times 78$$
$$T(°C) = 43\ °C$$

Para expressar quantidades medidas pequenas ou grandes, em termos de poucos dígitos, são usados prefixos com as unidades básicas e outras unidades. Esses prefixos multiplicam as unidades por várias potências de 10. Por exemplo, o comprimento de onda da radiação amarela usado na determinação de sódio por fotometria de chama é de cerca de 5×10^{-7} m. Normalmente esse valor é expresso em uma forma mais adequada, mais compacta, podendo ser expresso em nanômetros, 590 nm (1 nanômetro equivale a 10^{-9} m). O volume de um líquido injetado em uma coluna cromatográfica de, por exemplo, 20 µL (microlitros) expressa melhor esse número do que se usar 2×10^{-5} m (1 metro equivale a 10^{-6} micrômetros). Alguns prefixos usados para unidades estão apresentados na tabela 1.3.

TABELA 1.3 PREFIXOS DO SI

PREFIXO	ABREVIATURA	MULTIPLICADOR
deci	d	10^{-1}
centi	c	10^{-2}
mili	m	10^{-3}
micro	µ	10^{-6}
nano	n	10^{-9}

PREFIXO	ABREVIATURA	MULTIPLICADOR
pico	p	10^{-12}
tera	T	10^{12}
giga	G	10^{9}
mega	M	10^{6}
quilo	k	10^{3}

EXERCÍCIO RESOLVIDO

7) Qual a capacidade de um recipiente com comprimento de 0,6 m, largura de 40 cm e profundidade de 1,2 m?

Solução

Volume = comprimento x largura x profundidade

V = (0,6 m) x (40 cm) x (1,2 m)

Precisamos transformar 40 cm em metros (m).

Temos que 1 m = 10^2 cm;

Então 1 cm = 10^{-2} m = 0,01 m.

Substituindo:

$$V = (0{,}6\ m) \times (40 \times 0{,}01\ m) \times (1{,}2\ m)$$

$$V = 0{,}288\ m^3$$

Para expressar este volume em litros (L), faz-se o seguinte cálculo:

$$1\ m^3 = 10^3\ L$$

Então,

$$V = 0{,}288 \times 10^3\ L$$

$$V = 288\ L$$

Conversões no sistema métrico

TABELA 1.4 CONVERSÕES USUAIS

QUANTIDADE FÍSICA	NOME DA UNIDADE	SÍMBOLO DA UNIDADE	DEFINIÇÃO
comprimento	ångström polegada pé	Å pol ft	10^{-10} m $2,54 \times 10^{-2}$ m 0,3048 m
área	metro quadrado	m^2	
volume	metro cúbico litro centímetro cúbico	m^3 L cm^3	dm^3, 10^{-3} m
massa	unidade de massa atômica libra	u lb	$1,66054 \times 10^{-27}$ kg 0,45359237 kg
densidade	quilograma por metro cúbico grama por mililitro ou grama por centímetro cúbico	kg/m^3 g/mL ou g/cm^3	
força	newton	N	$kg.m/s^2$
pressão	pascal bar atmosfera Torr (milímetros de mercúrio)	Pa bar atm torr (mm Hg)	N/m^2 10^5 Pa 101325 Pa 133,32 Pa ou atm/760
calor	joule caloria British Thermal Unit	J cal BTU	 4,18 J 1,05 J

EXERCÍCIOS DE FIXAÇÃO

1) Converta as seguintes unidades de medida:
a) 15 polegadas em centímetros.
b) 120 centímetros em polegadas.
c) 16 libras em gramas.
d) 469 mililitros em litros.
e) 42.700 gramas em quilogramas.
f) 27 pés em centímetros.
g) 90 quilos em libras.
h) 18 polegadas em quilômetros.
i) 5 toneladas em quilogramas.

2) De acordo com a escala de temperaturas, faça as seguintes conversões:
a) 50 graus Celsius em Fahrenheit.
b) 40 graus Celsius em kelvin.
c) 200 Fahrenheit em graus Celsius.
d) –95 Fahrenheit em graus Celsius.
e) 250 kelvin em graus Celsius.

3) A água entra em ebulição a 100 °C. Quanto vale está temperatura em kelvin?

4) No sistema inglês, a densidade do zinco é de 455 lb/pés^3. Qual a massa contida em 10 cm^3 de zinco?

5) A densidade do mercúrio é de 13,6 g/cm^3. Qual será o volume ocupado por 150 g de mercúrio?

6) Qual a massa de um rolo de latão de 50 m que tem 305 mm de largura e 1,5 mm de espessura? (Densidade do latão é 8,50 g/cm^3.)

7) Um automóvel de 1.508 kg se move a uma velocidade de 90 km/h; outro automóvel de 4.000 kg está a uma velocidade 60 km/h. Qual dos automóveis possui maior energia cinética?

IMAGENS DO CAPÍTULO

Cromo © Marilda Nascimento Carvalho (foto).
Enxofre © Marilda Nascimento Carvalho (foto).
Estanho © Marilda Nascimento Carvalho (foto).
Gasoso © Nexus7 | Dreamstime.com – chaminé com fumaça (foto).
Granito © Michal812 | Dreamstime.com – granito (foto).
Iodo (a, b) © Marilda Nascimento Carvalho (fotos).
Líquido © Photowitch | Dreamstime.com – espuma no oceano (foto).

Objetos da Idade do Bronze © Mark6138 | Dreamstime.com – machados da Idade do Bronze (foto).
Sólido © Tupungato | Dreamstime.com – textura em parede (foto).
Termômetro © Rodrigo Stella | freeimages.com – termômetro (vetorial).
Desenhos, gráficos e tabelas cedidos pelo autor do capítulo.

GABARITO

1) a) 38,1 cm
   b) 47,2 pol
   c) 72,64 g
   d) 04,69 L
   e) 42,7 kg
   f) 823 cm
   g) 198 lb
   h) $4,6 \times 10^{-4}$ Km
   i) 5.000 kg

2) a) 122 °F
   b) 313 K
   c) 93 °C
   d) –71 °C
   e) –23 °C

3) 373 K

4) 72,9 g/cm³

5) 11,03 cm³

6) 19,44 kg

7) O carro mais pesado. A energia cinética do automóvel mais pesado é de $E_c = 5,55 \times 10^5$ J, enquanto a do automóvel mais leve é de $E_c = 4,71 \times 10^5$ J.

2 Teoria atômica e tabela periódica

CLÁUDIA MARIA CAMPINHA DOS SANTOS

2 Teoria atômica e tabela periódica

PERSONALIDADE

Dalton

John Dalton (1766-1844) foi um químico, meteorologista e físico inglês. Foi um dos primeiros cientistas a defender que a matéria é feita de pequenas partículas, os átomos. Também um dos pioneiros na meteorologia.

© Georgios

2.1 Átomos, evolução do modelo atômico e o modelo atômico moderno

O homem na sua busca eterna pelo conhecimento se deparou, em dado momento da história, com o questionamento sobre como e de que eram feitas as coisas e como estas interagiam entre si.

A teoria atômica proposta por **Dalton**, em 1803, representou uma grande revolução no desenvolvimento da química. Para ele, os átomos eram indivisíveis e cada elemento tinha uma massa atômica característica (figura 2.1). Ainda que a teoria de Dalton tenha justificado as relações de massa observadas nas reações químicas, como por exemplo podia determinar que um átomo de oxigênio era capaz de reagir com, no máximo, dois átomos de hidrogênio, ela não explicava o porquê.

Figura 2.1 Modelo atômico proposto por Dalton

Contribuições do postulado de Dalton:

a) Toda matéria é formada por átomos;

b) Os átomos não podem ser criados nem destruídos;

c) Átomos do mesmo elemento são semelhantes em forma e massa, mas diferem dos átomos de outros elementos;

d) O átomo é a menor unidade de matéria que pode fazer parte de uma reação química.

O modelo atômico sugerido por Dalton ficou conhecido como "bola de bilhar".

A compreensão da estrutura atômica contribuiu para a elucidação das propriedades químicas e físicas dos elementos.

Em 1834, **_Michael Faraday_** mostrou, em suas experiências, que uma transformação química podia ser causada pela passagem de eletricidade através de soluções aquosas de compostos químicos. Esses experimentos demonstraram que a matéria possuía uma natureza elétrica. O que foi uma inspiração para o físico irlandês George Johnstone Stoney (1826-1911), que, em 1891, propôs a existência de partículas de eletricidade a que chamou de elétrons.

Como nas ciências o conhecimento é cumulativo e por meio das experiências e novos olhares as teorias surgem em um turbilhão de ideias, os físicos começaram a investigar, em tubos de descarga em gás, a condição da corrente elétrica. E chegaram à conclusão de que a descarga se originava no cátodo (eletrodo negativo) e fluía para o ânodo (eletrodo positivo), e por conta disso os raios foram denominados raios catódicos, sugerindo que eram formados de partículas energéticas fundamentais carregadas negativamente, as quais faziam parte da constituição de todas as substâncias conhecidas.

Na verdade, nada mais eram que os elétrons descritos por Stoney. Mas somente em 1897, Joseph John Thomson, por meio de experimentações, conseguiu medir a razão entre a carga e a massa de um elétron, indicando que o

PERSONALIDADE

Michael Faraday

Michael Faraday (1791-1867) destacou-se na história da ciência como um físico e um químico inglês. Foi principalmente um experimentalista, chegando a ser descrito como o "melhor experimentalista na história da ciência". Os seus trabalhos e as suas contribuições mais conhecidas estão relacionados com a eletricidade e o magnetismo, no entanto, também contribuiu de forma significativa para a evolução da química enquanto ciência.

> **PERSONALIDADE**
>
> Thomson
>
> Joseph J. Thomson (1856-1940) foi um físico britânico que ficou mundialmente conhecido pela descoberta do elétron, fato que o fez receber o prêmio Nobel de Física em 1906.

elétron possui uma carga elétrica muito grande ou uma massa muito pequena. Na figura 2.2, o modelo atômico sugerido por **_Thomson_** que ficou conhecido como "pudim de passas".

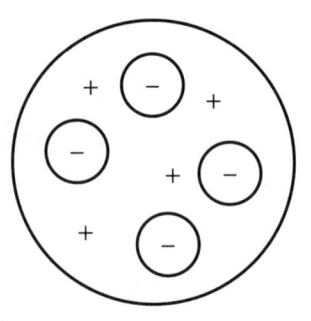

Figura 2.2 Modelo proposto por Thomson

A carga no elétron foi determinada em 1908 pelo físico americano Robert Andrews Millikan (1868-1953) em experimentos com gotículas de óleo através de orifício sobre placas metálicas paralelas irradiadas por raios X.

A questão era: se todas as coisas eram eletricamente neutras, então deveriam existir em toda matéria partículas carregadas positivamente.

A pesquisa por partículas positivas começou com o auxílio do espectrômetro de massa, projetado para determinar a razão carga-massa de íons positivos. Com o uso deste instrumento, chegou-se à conclusão de que a razão entre a carga (e) e a massa (m) das partículas, simbolizada por e/m, dependia da natureza do gás introduzido, o que demonstrava que nem todos os íons positivos têm a mesma razão e/m.

Experimentos com gás hidrogênio mostraram que o íon hidrogênio representa uma partícula fundamental de carga positiva, o próton. Logo um átomo de hidrogênio neutro é um elemento constituído por um elétron e um próton, e a razão e/m do próton mostra que ele é 1.836 vezes pesado do que o elétron. Desta forma, quase toda a massa do átomo está associada à carga positiva.

Baseado nos estudos de Thomson, Ernest **Rutherford**, em 1911, por meio de experimentos com partículas alfa, concluiu que o átomo possuía um núcleo positivo, pequeno e extremamente denso. Ele observou que metade da massa nuclear podia ser justificada pelos prótons e sugeriu que partículas com carga zero e massa similar as dos prótons também estivessem no núcleo. A existência dessas partículas, denominadas nêutrons, foi confirmada, em 1932, pelos experimentos do cientista britânico James Chadwick (1891-1974).

CURIOSIDADE

Rutherford
Ernest Rutherford (1871-1937) – fundador da física nuclear – nasceu em Nelson, Nova Zelândia. Pelas suas investigações sobre a desintegração dos elementos e a química das substâncias radioativas, obteve, em 1908, o Prêmio Nobel de Química.

© Ekaterina79

Selo postal Ernest Rutherford da URSS. Esquema da deflexão de partículas alfa – experiência do Rutherford, 1971.
É interessante lembrar a declaração atribuída ao físico neozelandês:
"Toda a ciência resume-se à física; todo o resto são coleções de selos."
Grande ironia ter ganhado o Nobel de química e não de física!

COMENTÁRIO

Em seus experimentos, Rutherford observou que parte das partículas alfa (α) eram defletidas em virtude das repulsões entre essas partículas e o núcleo, ambos carregados positivamente. Deflexão é o movimento de abandonar uma linha que se descrevia para seguir outra.

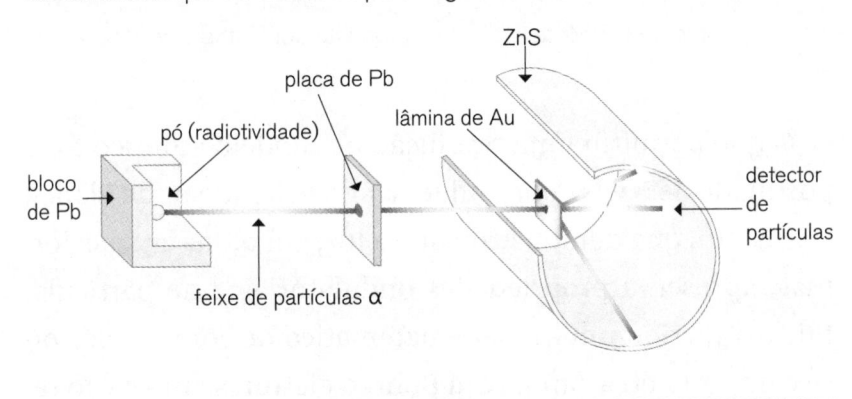

Com os estudos realizados, foi possível concluir que um átomo é composto de um núcleo denso, que contém prótons e nêutrons, rodeado pelos elétrons distribuídos por todo o volume restante do átomo. As propriedades observadas para essas três partículas em unidades de massa atômica (u) e unidade de carga elétrica estão descritas na tabela 2.1.

TABELA 2.1 PROPRIEDADES DAS PARTÍCULAS

	MASSA (u)	CARGA
Próton	1,007276	+1
Nêutron	1,008665	0
Elétron	0,0005486	−1

> **PERSONALIDADE**
>
> Niels Bohr
> Niels Bohr (1885-1962) – cientista dinamarquês. Suas pesquisas foram fundamentais para compreensão da estrutura dos átomos e da física quântica. Foi professor de física na Universidade de Copenhague e, em 1916, foi nomeado diretor do Instituto de Física Teórica. A teoria de Bohr representou um passo decisivo sobre a estrutura atômica à luz da mecânica quântica. Ganhou, em 1922, o Prêmio Nobel de Física.

Quando os átomos se combinam durante as reações químicas, são os elétrons que envolvem os núcleos que interagem. O núcleo serve para determinar o número de elétrons que devem estar presentes para que se tenha um átomo neutro. O modelo atômico de Rutherford ficou conhecido como "modelo planetário", como pode ser visto na figura 2.3.

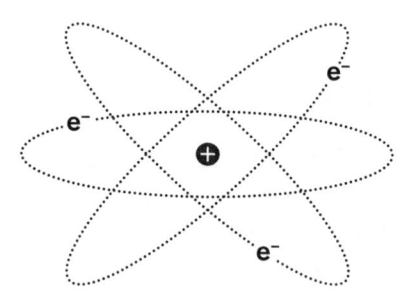

Figura 2.3 Modelo atômico proposto por Rutherford

O que permitiu uma revolução no modelo atômico foi o postulado de **_Niels Bohr_**, influenciado pelas ideias de Planck e Einstein, que demonstrou que a luz, em todas as suas formas, apresenta propriedades ondulatórias e de partícula. Em 1913, criou um modelo matemático de como o elétron se comporta no átomo. Para Bohr, o elétron se movia ao redor do núcleo em órbitas de tamanho e energia fixas (figura 2.4). O modelo de Bohr foi bem-sucedido para o espectro atômico do hidrogênio e contribuiu com a introdução de números quânticos inteiros.

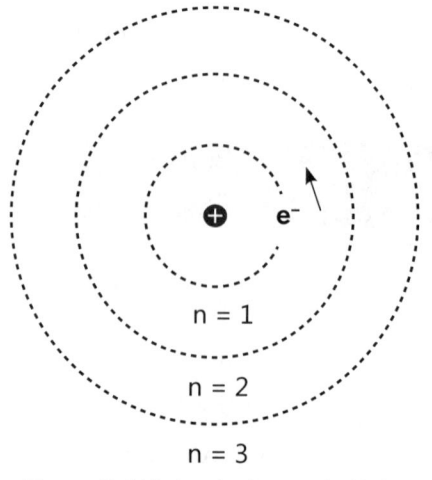

Figura 2.4 Visão do átomo de Bohr

A partir deste modelo, ele derivou matematicamente uma equação para a energia do elétron

$$E = -A \frac{1}{n^2}$$

em que A pode ser calculado a partir do conhecimento da massa e da carga do elétron e da constante de Planck (h = 6,63 x 10^{-34} J.s). O valor de A é 2,18 x 10^{-18} joule. A quantidade n é um número inteiro, chamado número quântico, que pode ter somente valores inteiros iguais a 1, 2, 3... até infinito.

A teoria que explica o comportamento dos elétrons nos átomos é a mecânica ondulatória, sugerida por Louis de Broglie em 1924, que formulou a hipótese da natureza dual onda-partícula, em que o elétron teria propriedades de uma onda e também as de uma partícula. Corroborada por **_Erwin Schrödinger_**, em 1926, quando conseguiu resolver matematicamente a equação de onda, dando início aos estudos em mecânica quântica, aceita até os dias atuais. Schrödinger desenvolveu um método para o cálculo de duas propriedades importantes: a energia associada ao estado e a probabilidade relativa de um elétron estar numa localização determinada de um subnível. Ele obteve um conjunto de funções matemáticas chamadas funções de onda, representadas pela letra grega *psi*, ψ. Os cálculos utilizados por Schrödinger envolvem matemática avançada, por isso olharemos apenas para os resultados, evitando a complexidade da teoria. Dessa forma, a função de onda, denominada equação de Schrödinger, pode ser resumida em: *H*ψ = *E*ψ e descreve a energia dos elétrons. O termo *H* é um operador que indica uma série complicada de operações matemáticas a serem realizadas; *E* é a energia e ψ representa a função de onda para o elétron.

A nova teoria da estrutura atômica e molecular foi proposta de maneira independente por mais dois cientistas – o britânico Paul Dirac (1902-1984) e o alemão Werner Heisenberg (1901-1976) –, tornando-se a base sobre a qual elaboramos todo o entendimento sobre as ligações químicas.

PERSONALIDADE

Erwin Schrödinger
Erwin Schrödinger (1887-1961) foi um físico austríaco. Ele dividiu o Prêmio Nobel de Física em 1933, com o engenheiro e matemático inglês Paul Dirac, por suas contribuições para o desenvolvimento da mecânica quântica.

A solução da equação de Schrödinger para um elétron deve satisfazer três condições quânticas, correspondentes às três dimensões do espaço (x, y e z) que descrevem as posições relativas do elétron e do núcleo, como observado na figura 2.5.

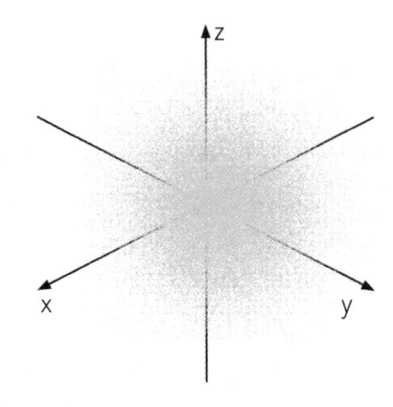

Figura 2.5. As três dimensões do espaço

2.2 Partículas fundamentais, número e massa atômica, número de massa e semelhanças atômicas

A menor quantidade unitária de um elemento, que pode existir isoladamente ou combinado com outros, denomina-se átomo. Cada elemento químico é representado por uma letra maiúscula ou por duas letras, a segunda minúscula. Por exemplo, átomos de oxigênio (O); carbono (C); cloro (Cl); rádio (Ra) e zinco (Zn).

Os átomos são compostos por várias partículas fundamentais, anteriormente denominadas elementares. Hoje já são conhecidas em torno de 11 partículas estudadas pela física.

Neste capítulo estudaremos as propriedades das três maiores partículas subatômicas: os prótons, os nêutrons e os elétrons. Como vimos anteriormente, os átomos são formados por um núcleo pequeno e denso onde encontramos os prótons, partículas positivas, e os nêutrons, partículas neutras. Rodeando o núcleo, encontramos uma nuvem dispersa de elétrons, que são partículas negativas.

Todos os elementos químicos são átomos com quantidades específicas de partículas fundamentais. Define-se elemento como matéria constituída por átomos de mesma espécie, caracterizados por possuírem a mesma carga positiva em seu núcleo. Por exemplo, o átomo de hidrogênio (H) possui um próton no seu núcleo.

O número de prótons de um átomo específico corresponde ao seu número atômico, identifica o elemento e é representado pela letra maiúscula Z. A tabela periódica ou tabela dos elementos está organizada em ordem crescente de número atômico.

O número atômico (Z) ou número de prótons serve também para identificar a quantidade de elétrons de um átomo de um determinado elemento químico, já que um átomo no estado fundamental é neutro, ou seja, a quantidade de prótons é igual a de elétrons. Quando essa neutralidade de carga é rompida, temos um íon, átomo em desequilíbrio elétrico. A diferença de massas entre os átomos do mesmo elemento é dada pela quantidade de nêutrons.

O número de massa, A, corresponde à soma do número de prótons e nêutrons no átomo. A massa de um átomo está concentrada no seu núcleo. Diferente do número de massa, a massa atômica é definida como 1/12 da massa de um átomo de ^{12}C ou 12,0 uma ou u (unidade de massa atômica). Coincidentemente, o número de massa e a massa atômica do isótopo do carbono são iguais a 12, já que o átomo de carbono tem 6 prótons e 6 nêutrons.

Indicamos um átomo escrevendo o número de massa como índice superior e o número atômico como índice inferior. Ambos precedendo o símbolo atômico: $^{A}_{Z}X$. Por exemplo, um átomo de carbono (número atômico = 6) que contenha 6 nêutrons terá um símbolo $^{12}_{6}C$. É este isótopo do carbono que serve como base da escala corrente de massas atômicas.

De acordo com as relações entre os átomos, eles podem ser classificados em isótopos, isótonos, isóbaros e isoeletrônicos.

Os isótopos são átomos que possuem o mesmo número atômico e diferentes números de massa. São uma espécie muito comum na natureza. Apresentam o mesmo número de prótons, caracterizando o mesmo elemento químico.

Por exemplo: na natureza, 99,985% de todos os átomos de hidrogênio têm número de massa igual a 1, o prótio, $^{1}_{1}H$, enquanto 0,015% têm número de massa igual a 2, o deutério (D) ou hidrogênio pesado, $^{2}_{1}H$, e um terceiro isótopo do hidrogênio, o trítio (T), $^{3}_{1}H$, radioativo e muito raro no planeta Terra, é produzido naturalmente na atmosfera superior quando os raios cósmicos atacam as moléculas de nitrogênio no ar.

Os isótopos do hidrogênio são os únicos que recebem nomes específicos. A detecção de isótopos atualmente é feita por espectrometria de massas.

Outro exemplo são os três isótopos naturais do elemento silício, que é largamente utilizado na produção de *chips* de computadores: ^{28}Si, 92,2%; ^{29}Si, 4,67%, e ^{30}Si, 3,10%.

Os isóbaros são átomos de diferentes números atômicos e mesmo número de massa, como observado entre o cálcio (Ca) e o potássio (K), $^{40}_{20}$Ca e $^{40}_{19}$K.

Outros exemplos: $^{56}_{26}$Fe é isóbaro de $^{56}_{25}$Mn; $^{210}_{84}$Po é isóbaro de $^{210}_{85}$At.

Os isótonos são átomos de número atômico e número de massa diferentes e igual número de nêutrons, assim como o flúor (F) e o neônio (Ne), $^{19}_{9}$F e $^{20}_{10}$Ne.

Outros exemplos: $^{11}_{5}$B é isótono de $^{12}_{6}$C; $^{9}_{4}$Be é isótono de $^{10}_{5}$B.

Os isoeletrônicos são elementos diferentes que apresentam a mesma quantidade de életrons. Envolvem geralmente íons, e esse conceito é útil no cálculo do tamanho do raio atômico. Os íons são formados, em geral, quando alguns elementos reagem para formar compostos iônicos. Como exemplos de isoeletrônicos, temos os íons monoatômicos: íon magnésio $_{12}$Mg^{2+}, íon fluoreto $_{9}$F^{1-} e íon nitreto $_{7}$N^{3-}, todos com 10 elétrons.

2.3 Números quânticos e orbitais atômicos

De acordo com a mecânica quântica, os vários níveis de energia no átomo são compostos de um ou mais orbitais. Cada orbital possui uma energia característica e é visto como uma descrição da região em torno do núcleo onde se espera poder encontrar o elétron. Nos átomos que contêm mais de um elétron, a distribuição destes em torno do núcleo é determinada pelo número e pela espécie de níveis de energia que estão ocupados. As funções de onda que descrevem os orbitais são caracterizadas pelos valores de três números quânticos: número quântico principal (n), número quântico secundário (l) e número quântico magnético (m).

a) *Número quântico principal*, n. Esse número determina a energia do orbital em sistemas monoeletrônicos, como no hidrogênio, e é o determinante principal da energia em sistemas multieletrônicos. Pode ser qualquer número inteiro positivo. Os elétrons que apresentam o mesmo número n são ditos pertencentes a uma mesma camada. Quanto maior o valor de n, maior será a distância média do elétron ao núcleo e maior a energia média dos níveis pertencentes à camada. Teoricamente, um átomo pode ter infinitos níveis de energia, porém apenas 7 são conhecidos. As camadas são designadas por letras maiúsculas:

Número quântico principal	1	2	3	4	5	6	7	...
Designação por letra	K	L	M	N	O	P	Q	...

A mecânica ondulatória prevê que cada camada principal é composta de uma ou mais subcamadas, ou subníveis, cada uma das quais é especificada por um número quântico secundário.

b) *Número quântico secundário ou azimutal*, l. Esse número determina a forma de um orbital e, até certo ponto, a sua energia. Para qualquer camada, l pode ter os valores de 0, 1, 2, 3... até um máximo igual a $n - 1$ para aquela camada. As subcamadas são designadas por letras minúsculas. As quatro primeiras letras encontram sua origem no espectro atômico dos metais alcalinos (do lítio ao césio). Nesses espectros, quatro séries de linhas foram observadas e designadas por séries *sharp*, *principal*, *diffuse* e *fundamental*, que são antigos termos técnicos da espectroscopia, daí as letras s, p, d e f.

Valor de l	0	1	2	3	4	5	6	...
Designação da subcamada	s	p	d	f	g	h	i	...

Assim, quando, $n = 1$, o maior valor de l permitido é 0, portanto a camada K consiste apenas de uma subcamada. Quando $n = 2$, ocorrem dois valores de l, $l = 0$ e $l = 1$, assim a camada L é composta de duas subcamadas. O número de subcamadas em qualquer camada é simplesmente igual a seu valor de n.

Num átomo em seu estado fundamental, ou seja, estado de mais baixa energia, as subcamadas ou subníveis s, p, d e f são as únicas ocupadas por elétrons. E, para descrever uma subcamada dentro de uma dada camada, escrevemos o valor de n para a camada e a letra de designação da subcamada. Como pode ser observado na tabela 2.2.

TABELA 2.2 RELAÇÃO ENTRE OS NÚMEROS QUÂNTICOS PRINCIPAL (n) E SECUNDÁRIO (l)

NÚM. QUÂNTICO PRINCIPAL, n (CAMADA)	NÚM. QUÂNTICO SECUNDÁRIO, l (SUBCAMADA)	DESIGNAÇÃO DA SUBCAMADA
1	0	1s
2	0	2s
	1	2p
3	0	3s
	1	3p
	2	3d
4	0	4s
	1	4p
	2	4d
	3	4f

c) *Número quântico magnético*, m. Esse número determina a orientação no espaço de um orbital dentro de uma subcamada, em relação aos outros orbitais. O número quântico magnético recebeu esse nome pelo fato de que pode ser usado para explicar o aparecimento de linhas adicionais no espectro atômico, produzido quando os átomos, submetidos a um campo magnético, emitem luz. Ele tem valores inteiros que variam de $-l$ a $+l$. Quando $l = 0$, existe apenas um valor de m, $m = 0$, portanto uma subcamada s consiste apenas de um orbital, denominado orbital s. Uma subcamada p ($l = 1$) contém três orbitais que correspondem a m igual a -1, 0 e $+1$. De maneira similar, constatamos que uma subcamada d ($l = 2$) é composta de cinco orbitais, e uma subcamada f ($l = 3$) é composta de sete orbitais. A tabela 2.3 mostra uma síntese das relações entre os três números quânticos n, l e m.

TABELA 2.3 NÚMEROS QUÂNTICOS PRINCIPAL (n), SECUNDÁRIO (l) E MAGNÉTICO (m)

NÚM. QUÂNTICO PRINCIPAL, n (CAMADA)	NÚM. QUÂNTICO SECUNDÁRIO, l (SUBCAMADA)	NÚM. QUÂNTICO MAGNÉTICO, m (ORBITAL)	NÚMERO DE ORBITAIS NA SUBCAMADA
1	0 (1s)	0	1
2	0 (2s)	0	1
	1 (2p)	−1 0 +1	3
3	0 (3s)	0	1
	1 (3p)	−1 0 +1	3
	2 (3d)	−2 −1 0 +1 +2	5
4	0 (4s)	0	1
	1 (4p)	−1 0 +1	3
	2 (4d)	−2 −1 0 +1 +2	5
	3 (4f)	−3 −2 −1 0 +1 +2 +3	7

Além dos três números quânticos: principal (n), secundário (l) e magnético (m), existe o número quântico de spin, s.

Esse número quântico está relacionado com o movimento circular do elétron em torno de um eixo que passa pelo seu centro. O movimento circular de carga elétrica faz com que o elétron atue como um pequeno eletroímã e produza um campo magnético. Os valores assumidos para esse número quântico são apenas dois, +1/2 e −1/2, uma vez que o elétron pode girar somente em duas direções.

Podemos concluir, então, que a cada elétron em um átomo poderá ser associado um conjunto de valores para seus quatro números quânticos n, l, m e s. E que estes determinarão o orbital no qual o elétron será encontrado e a direção na qual está girando. No entanto, existe uma restrição quanto aos valores que esses números quânticos podem assumir, denominada Princípio de Exclusão de Pauli, que, de forma resumida, estabelece que dois elétrons em um mesmo átomo não podem ter o mesmo conjunto de números quânticos, ou seja, em qualquer orbital pode ser colocado o máximo de dois elétrons. Nas subcamadas *s*, *p*, *d* e *f* o número máximo de elétrons:

SUBCAMADA	NÚM. DE ORBITAIS	NÚM. MÁXIMO DE ELÉTRONS
s	1	2
p	3	6
d	5	10
f	7	14

O número máximo de elétrons permitido em qualquer camada, teoricamente, é igual a $2n^2$. Desta forma, a camada K($n = 1$) pode conter até 2 elétrons, e a camada L($n = 2$), um máximo de 8 elétrons. As relações entre os números quânticos e os números de elétrons são mostradas na tabela 2.4.

CAMADA ELETRÔNICA	SUBCAMADAS DISPONÍVEIS	ORBITAIS DISPONÍVEIS $(2l + 1)$	NÚM. POSSÍVEL DE ELÉTRONS DENTRO DA SUBCAMADA $[2(2l + 1)]$	NÚM. POSSÍVEL DE ELÉTRONS PARA A ENÉSIMA CAMADA $(2n^2)$
1	s	1	2	2
2	s	1	2	8
	p	3	6	
3	s	1	2	18
	p	3	6	
	d	5	10	
4	s	1	2	32
	p	3	6	
	d	5	10	
	f	7	14	

TABELA 2.4 NÚMERO DE ELÉTRONS NAS CAMADAS E SUBCAMADAS ELETRÔNICAS COM $n = 1$ A 4

Como vimos, o número quântico secundário (*l*) determina a forma de um orbital. Orbital é a região mais provável para localizar um elétron. Vamos conhecer um pouco mais sobre o formato desses orbitais.

Todos os orbitais *s* (1*s*, 2*s*, 3*s*, 4*s*, 5*s*, 6*s*, 7*s*) têm a forma esférica, porém, o tamanho do orbital *s* e a sua energia aumentam à medida que *n* aumenta. Dessa forma, o orbital 1*s* é mais compacto que o orbital 2*s* e assim por diante (figura 2.6).

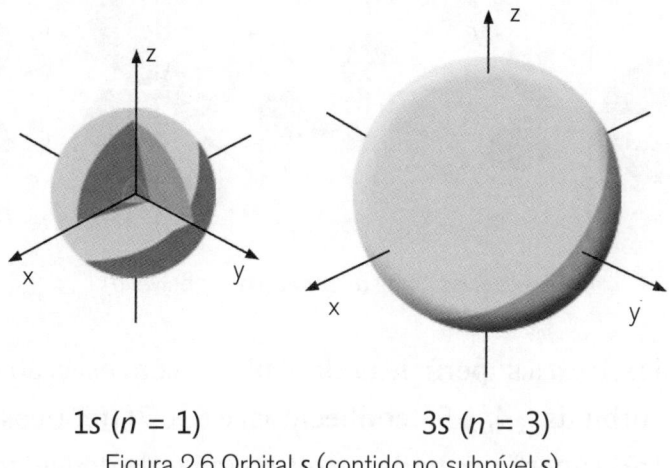

1*s* (*n* = 1)   3*s* (*n* = 3)
Figura 2.6 Orbital *s* (contido no subnível *s*)

Os orbitais atômicos *p* (2*p*, 3*p*, 4*p*, 5*p*, 6*p*, 7*p*), para os quais *l* = 1, apresentam um plano imaginário denominado superfície nodal, que é a superfície plana em que não existe a probabilidade de se encontrar o elétron. As regiões de densidade eletrônica encontram-se de um lado ou do outro do núcleo, apresentando a forma de "duplo ovoide". Cada orbital *p* é rotulado de acordo com o eixo ao longo do qual se encontra (p_x, p_y e p_z), como observado na figura 2.7.

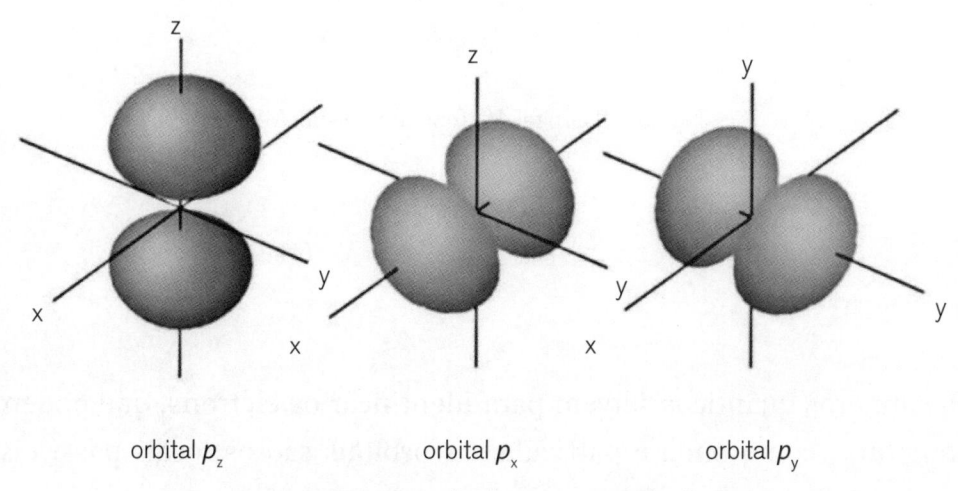

orbital p_z orbital p_x orbital p_y
Figura 2.7 Orbital *p* (contido no subnível *p*)

O valor de *l* é o número de superfícies nodais que passam através do núcleo. Assim, os orbitais *s*, para os quais *l* = 0, não têm nenhuma superfície nodal, da mesma forma que os orbitais *p*, *l* = 1, têm uma superfície nodal planar. Nos orbitais *d*, os cinco orbitais 3*d*, 4*d*, 5*d*, 6*d* e 7*d* (teórico) têm duas superfícies nodais, *l* = 2, o que resulta em quatro regiões de densidade eletrônica (figura 2.8).

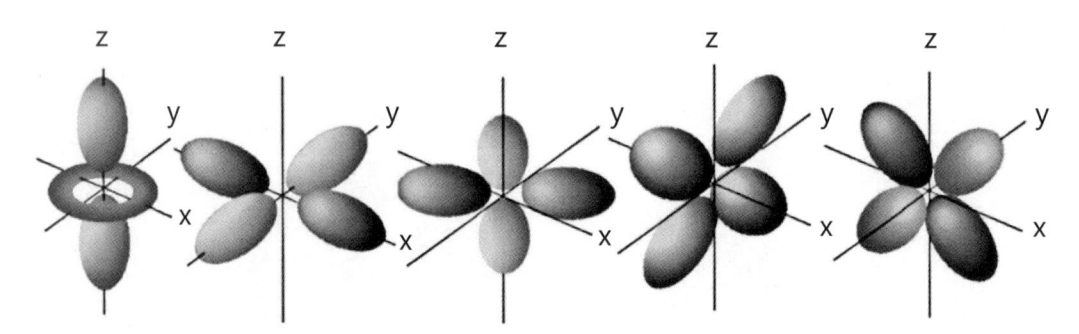

Figura 2.8 Orbital *d* (contido no subnível *d*)

Nos orbitais *s*, *p* e *d* a superfície nodal é plana, com exceção do orbital d_{z^2}. Todos os sete orbitais *f*, 4*f* e 5*f* (conhecidos) e 6*f* e 7*f* (teóricos) têm *l* = 3, o que significa três superfícies nodais e oito regiões de densidade eletrônica. Esse orbital é muito difícil de ser visualizado. A figura 2.9 mostra como seria o orbital 4*f*.

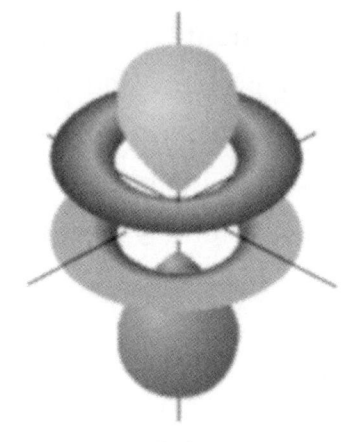

Figura 2.9 Orbital $4f_{z^3}$ (contido no subnível *f*)

2.4 Distribuição eletrônica por níveis e subníveis

Os números quânticos servem para identificar os elétrons, que podem se comportar como onda e partícula. Os orbitais são os locais passíveis de se encontrar os elétrons.

Segundo o Princípio da Exclusão ou Princípio de Pauli, do físico austríaco Wolfgang Pauli (1900-1958), em um mesmo átomo, dois elétrons sempre apresentarão conjuntos diferentes de números quânticos. Um orbital conterá, no máximo, dois elétrons, os quais apresentarão spins contrários.

No estado fundamental de um átomo, os elétrons ocuparão os orbitais disponíveis de mais baixa energia. A energia dos orbitais atômicos aumentará com o aumento do valor do número quântico n.

Os elétrons interagem com outros elétrons e não apenas com o núcleo carregado positivamente.

O átomo de hidrogênio (H) é o elemento mais simples, pois consiste em um único próton e um elétron. O elemento seguinte é o hélio (He), de número atômico igual a dois. Ao colocarmos os elétrons no mesmo orbital, seus spins ficam emparelhados e são representados por duas setas em sentidos opostos ↑↓, como pode ser observado na figura 2.10.

$$_1H \quad \underline{\uparrow} \quad 1s^1 \qquad ^2He \quad \underline{\uparrow\downarrow} \quad 1s^2$$
$$\qquad 1s \qquad\qquad\qquad 1s$$

$$^3Li \quad \underline{\uparrow\downarrow} \quad \underline{\uparrow} \quad 1s^2\, 1s^1$$
$$\qquad 1s \quad 2s$$

Figura 2.10 Distribuição eletrônica do hidrogênio (H), do hélio (He) e do lítio (Li)

A forma como os elétrons são distribuídos entre os orbitais de um átomo é a sua estrutura eletrônica ou configuração eletrônica, determinada pela ordem em que ocorrem as subcamadas na escala crescente de energia. Como já foi dito, no estado fundamental, os elétrons são encontrados nos mais baixos níveis de energia disponíveis.

Podemos demonstrar a configuração eletrônica dos elementos, com exceção do H e do He, por um cerne de gás nobre, que apresenta entre colchetes o gás nobre que precede o elemento considerado (tabela 2.5).

TABELA 2.5 CONFIGURAÇÕES ELETRÔNICAS DOS ÁTOMOS NO ESTADO FUNDAMENTAL

Z	ELEMENTO	CONFIGURAÇÃO ELETRÔNICA	Z	ELEMENTO	CONFIGURAÇÃO ELETRÔNICA
1	H	$1s^1$	26	Fe	$[Ar]\ 3d^6\ 4s^1$
2	He	$1s^2$	27	Co	$[Ar]\ 3d^7\ 4s^2$
3	Li	$[He]\ 2s^1$	28	Ni	$[Ar]\ 3d^8\ 4s^2$
4	Be	$[He]\ 2s^2$	29	Cu	$[Ar]\ 3d^{10}\ 4s^1$
5	B	$[He]\ 2s^2\ 2p^1$	30	Zn	$[Ar]\ 3d^{10}\ 4s^2$
6	C	$[He]\ 2s^2\ 2p^2$	31	Ga	$[Ar]\ 3d^{10}\ 4s^2\ 4p^1$
7	N	$[He]\ 2s^2\ 2p^3$	32	Ge	$[Ar]\ 3d^{10}\ 4s^2\ 4p^2$
8	O	$[He]\ 2s^2\ 2p^4$	33	As	$[Ar]\ 3d^{10}\ 4s^2\ 4p^3$
9	F	$[He]\ 2s^2\ 2p^5$	34	Se	$[Ar]\ 3d^{10}\ 4s^2\ 4p^4$
10	Ne	$[He]\ 2s^2\ 2p^6$	35	Br	$[Ar]\ 3d^{10}\ 4s^2\ 4p^5$
11	Na	$[Ne]\ 3s^1$	36	Kr	$[Ar]\ 3d^{10}\ 4s^2\ 4p^6$
12	Mg	$[Ne]\ 3s^2$	37	Rb	$[Kr]\ 5s^1$
13	Al	$[Ne]\ 3s^2\ 3p^1$	38	Sr	$[Kr]\ 5s^2$
14	Si	$[Ne]\ 3s^2\ 3p^2$	39	Y	$[Kr]\ 4d^1\ 5s^2$
15	P	$[Ne]\ 3s^2\ 3p^3$	40	Zr	$[Kr]\ 4d^2\ 5s^2$
16	S	$[Ne]\ 3s^2\ 3p^4$	41	Nb	$[Kr]\ 4d^4\ 5s^1$
17	Cl	$[Ne]\ 3s^2\ 3p^5$	42	Mo	$[Kr]\ 4d^5\ 5s^1$
18	Ar	$[Ne]\ 3s^2\ 3p^6$	43	Tc	$[Kr]\ 4d^6\ 5s^2$
19	K	$[Ar]\ 4s^1$	44	Ru	$[Kr]\ 4d^7\ 5s^1$
20	Ca	$[Ar]\ 4s^2$	45	Rh	$[Kr]\ 4d^8\ 5s^1$
21	Sc	$[Ar]\ 3d^1\ 4s^2$	46	Pd	$[Kr]\ 4d^{10}$
22	Ti	$[Ar]\ 3d^2\ 4s^2$	47	Ag	$[Kr]\ 4d^{10}\ 5s^1$
23	V	$[Ar]\ 3d^3\ 4s^2$	48	Cd	$[Kr]\ 4d^{10}\ 5s^2$
24	Cr	$[Ar]\ 3d^5\ 4s^2$	49	In	$[Kr]\ 4d^{10}\ 5s^2\ 5p^1$
25	Mn	$[Ar]\ 3d^5\ 4s^2$	50	Sn	$[Kr]\ 4d^{10}\ 5s^2\ 5p^2$

Z	ELEMENTO	CONFIGURAÇÃO ELETRÔNICA	Z	ELEMENTO	CONFIGURAÇÃO ELETRÔNICA
51	Sb	[Kr] $4d^{10} 5s^2 5p^3$	77	Ir	[Xe] $4f^{14} 5d^7 6s^2$
52	Te	[Kr] $4d^{10} 5s^2 5p^4$	78	Pt	[Xe] $4f^{14} 5d^9 6s^1$
53	I	[Kr] $4d^{10} 5s^2 5p^5$	79	Au	[Xe] $4f^{14} 5d^{10} 6s^1$
54	Xe	[Kr] $4d^{10} 5s^2 5p^6$	80	Hg	[Xe] $4f^{14} 5d^{10} 6s^2$
55	Cs	[Xe] $6s^1$	81	Tl	[Xe] $4f^{14} 5d^{10} 6s^2 6p^1$
56	Ba	[Xe] $6s^2$	82	Pb	[Xe] $4f1^4 5d^{10} 6s^2 6p^2$
57	La	[Xe] $5d^1 6s^2$	83	Bi	[Xe] $4f^{14} 5d^{10} 6s^2 6p^3$
58	Ce	[Xe] $4f^1 5d^1 6s^2$	84	Po	[Xe] $4f^{14} 5d^{10} 6s^2 6p^4$
59	Pr	[Xe] $4f^3 6s^2$	85	At	[Xe] $4f^{14} 5d^{10} 6s^2 6p^5$
60	Nd	[Xe] $4f^4 6s^2$	86	Rn	[Xe] $4f^{14} 5d^{10} 6s^2 6p^6$
61	Pm	[Xe] $4f^5 6s^2$	87	Fr	[Rn] $7s^1$
62	Sm	[Xe] $4f^6 6s^2$	88	Ra	[Rn] $7s^2$
63	Eu	[Xe] $4f^7 6s^2$	89	Ac	[Rn] $6d^1 7s^2$
64	Gd	[Xe] $4f^7 5d^1 6s^2$	90	Th	[Rn] $6d^2 7s^2$
65	Tb	[Xe] $4f^9 6s^2$	91	Pa	[Rn] $5f^2 6d^1 7s^2$
66	Dy	[Xe] $4f^{10} 6s^2$	92	U	[Rn] $5f^3 6d^1 7s^2$
67	Ho	[Xe] $4f1^1 6s^2$	93	Np	[Rn] $5f^4 6d^1 7s^2$
68	Er	[Xe] $4f^{12} 6s^2$	94	Pu	[Rn] $5f^6 7s^2$
69	Tm	[Xe] $4f^{13} 6s^2$	95	Am	[Rn] $5f^7 7s^2$
70	Yb	[Xe] $4f^{14} 6s2$	96	Cm	[Rn] $5f^7 6d^1 7s^2$
71	Lu	[Xe] $4f^{14} 5d^1 6s^2$	97	Bk	[Rn] $5f^9 7s^2$
72	Hf	[Xe] $4f^{14} 5d^2 6s^2$	98		[Rn] $5f^{10} 7s^2$
73	Ta	[Xe] $4f^{14} 5d^3 6s^2$	99	Cf	[Rn] $5f^{11} 7s^2$
74	W	[Xe] $4f^{14} 5d^4 6s^2$	100		[Rn] $5f^{12} 7s^2$
75	Re	[Xe] $4f^{14} 5d^5 6s^2$	101	Es	[Rn] $5f^{13} 7s^2$
76	Os	[Xe] $4f^{14} 5d^6 6s^2$	102	Fm	[Rn] $5f^{14} 7s^2$

Z	ELEMENTO	CONFIGURAÇÃO ELETRÔNICA	Z	ELEMENTO	CONFIGURAÇÃO ELETRÔNICA
103	Md	[Rn] $5f^{14}\,6d^1\,7s^2$	110	Hs	[Rn] $5f^{14}\,6d^8\,7s^2$
104	No	[Rn] $5f^{14}\,6d^2\,7s^2$	111	Mt	[Rn] $5f^{14}\,6d^9\,7s^2$
105	Lr	[Rn] $5f^{14}\,6d^3\,7s^2$	112	Ds	[Rn] $5f^{14}\,6d^{10}\,7s^2$
106	Rf	[Rn] $5f^{14}\,6d^4\,7s^2$		Rg	
107	Db	[Rn] $5f^{14}\,6d^5\,7s^2$	114	Cn	[Rn] $5f^{14}\,6d^{10}\,7s^2\,7p^2$
108	Sg	[Rn] $5f^{14}\,6d^6\,7s^2$	116	Fl	[Rn] $5f^{14}\,6d^{10}\,7s^2\,7p^4$
109	Bh	[Rn] $5f^{14}\,6d^7\,7s^2$		Lv	

EXERCÍCIO RESOLVIDO

1) Escreva a configuração eletrônica para o estado fundamental do N.

Solução

O número atômico do nitrogênio é 7. A notação usual é $1s^2 2s^2 2p^3$. Uma outra forma de notação, (He)$2s^2 2p^3$, mostra somente os elétrons complementares da configuração do gás nobre anterior.

É importante saber a ordem de preenchimento dos níveis energéticos: $1s, 2s, 2p, 3s, 3p, 4s, 3d, 4p, 5s, 4d, 5p, 6s, 4f, 5d, 6p, 7s, 5f, 6d$ e $7p$. Atualmente só são conhecidos elementos cujo estado fundamental tenha elétrons que ocupem orbitais com energia até $7p$, como os elementos fleróvio (Fl) e livermório (Lv).

Depois de completar os níveis $1s$, $2s$, $2p$, $3s$ e $3p$ (átomo de argônio), os dois elétrons seguintes vão ocupar o nível $4s$, nos átomos potássio e cálcio; isso porque o nível $4s$ tem um conteúdo energético menor que o nível $3d$. A seguir, depois de preenchido o $4s$, começa o preenchimento do nível $3d$ (átomo de escândio). Os elementos compreendidos no subnível $3d$ comportam-se quimicamente de modo semelhante e são denominados série de transição ou elementos de transição. Uma segunda série de transição tem início após o preenchimento do nível $5s$ (átomo de estrôncio), com o preenchimento do nível $4d$ (átomo de ítrio). Uma terceira série de transição começa com o lantânio, no qual os elétrons começam a preencher o nível $5d$, depois de preenchido o nível $6s$ com dois elétrons. Após o lantânio, começa o preenchimento do nível 4f, formando os elementos do cério ao lutécio, que apresentam de 1 a 14 elétrons no nível 4f, correspondendo à série dos lantanídeos ou terras raras. Assim como a série dos actinídeos, que inicia pelos elementos actínio e tório, nos quais os elétrons começam a preencher o nível 6d, depois de preenchido o nível 7s com dois elétrons, seguido pelo elemento protactínio, onde tem início o preenchimento do nível 5f, até o lawrêncio. Os actinídeos constituem parte do período 7. Os lantanídeos e os actinídeos são denominados elementos de transição interna. As propriedades dos elementos dependem de suas configurações eletrônicas. A tabela 2.6 mostra a configuração eletrônica por nível mais energético dos elementos na tabela periódica.

TABELA 2.6 CONFIGURAÇÃO POR NÍVEL MAIS ENERGÉTICO SEGUNDO DIAGRAMA DE PAULING

1	2	3	4	5	6	7	8	9	10	11	12	13	14	15	16	17	18
s^1																	s^2
s^1	s^2											p^1	p^2	p^3	p^4	p^5	p^6
s^1	s^2											p^1	p^2	p^3	p^4	p^5	p^6
s^1	s^2	d^1	d^2	d^3	d^4	d^5	d^6	d^7	d^8	d^9	d^{10}	p^1	p^2	p^3	p^4	p^5	p^6
s^1	s^2	d^1	d^2	d^3	d^4	d^5	d^6	d^7	d^8	d^9	d^{10}	p^1	p^2	p^3	p^4	p^5	p^6
s^1	s^2		d^2	d^3	d^4	d^5	d^6	d^7	d^8	d^9	d^{10}	p^1	p^2	p^3	p^4	p^5	p^6
s^1	s^2		d^2	d^3	d^4	d^5	d^6	d^7	d^8	d^9	d^{10}		p^2		p^4		

d^1	f^1	f^3	f^4	f^5	f^6	f^7	f^7	f^9	f^{10}	f^{11}	f^{12}	f^{13}	f^{14}	d^1
d^1	d^2	d^1	d^1	d^1	f^6	f^7	d^1	f^9	f^{10}	f^{11}	f^{12}	f^{13}	f^{14}	d^1

Como vimos anteriormente, a sequência na qual se preenchem os diferentes níveis energéticos determina o número de elementos em cada período e divide a tabela periódica em quatro regiões principais, conforme o preenchimento dos níveis s, p, d e f.

No bloco s estão os elementos com um elétron s na camada mais externa, que recebem o nome de elementos do grupo 1 ou metais alcalinos; os elementos com dois elétrons s na camada mais externa, que são os do grupo 2 ou metais alcalinos terrosos, e o gás nobre hélio, que apresenta dois elétrons no orbital s.

No bloco *p*, os elementos que apresentam elétrons no orbital *p*, como o grupo 13 ou família do boro, com três elétrons na camada mais externa (dois elétrons *s* e um elétron *p*); os elementos do grupo 14 ou família do carbono, com quatro elétrons na camada mais externa; os do grupo 15 ou família do nitrogênio, com cinco elétrons na camada mais externa; os elementos do grupo 16 ou calcogênios, com seis elétrons na camada mais externa; os elementos do grupo 17 ou halogênios, com sete elétrons na camada mais externa, e os elementos do grupo 18 ou gases nobres, que apresentam completa a última camada eletrônica.

Os elementos em que se observa um crescente preenchimento de orbitais *d* são os chamados elementos do bloco *d* ou metais de transição. Os elementos que ocorrem no preenchimento de orbitais *f* são chamados de elementos do bloco *f*. Nesse grupo estão os lantanídeos e os actinídeos, denominados metais de transição interna. Os blocos *d* e *f* são chamados de transição por estarem entre os blocos *s* e *p*.

O hidrogênio, apesar de apresentar somente um elétron no orbital *s* como os metais alcalinos, não é um metal e não apresenta as mesmas propriedades. O hélio é um gás nobre que difere dos demais gases nobres por apresentar somente o orbital *s*.

A química dos elementos envolve também a formação dos íons. Para escrever a configuração eletrônica dos íons, faremos da mesma forma que fizemos com os elementos.

Para formar um cátion a partir de um átomo neutro, um ou mais elétrons de valência são removidos da camada com maior valor de *n*. Assim, o íon sódio é formado pela remoção do elétron $3s^1$ do átomo de sódio.

$$\text{Na } [1s^2 2s^2 2p^6 3s^1] \rightarrow \text{Na}^+ [1s^2 2s^2 2p^6]$$

A mesma regra geral se aplica aos metais de transição. De forma geral, a configuração eletrônica dos elementos de transição é:

$$[\text{gás nobre}]\ ns^2(n-1)d^x$$

Os cátions, porém, têm a configuração geral do tipo

$$[\text{gás nobre}]\,(n-1)d^x$$

Isso significa que no processo de ionização os elétrons ns são perdidos antes dos elétrons $(n-1)d$. Fato de muita importância, já que as propriedades químicas e físicas dos cátions dos metais de transição são determinadas pela presença do orbital d. Sendo assim, átomos e íons com elétrons desemparelhados são paramagnéticos, ou seja, podem ser atraídos por um campo magnético. O paramagnetismo fornece evidência experimental de que os íons dos metais de transição com carga 2+ ou maior não possuem elétrons ns.

Os íons ferro (II) Fe^{2+} e ferro (III) Fe^{3+} têm as configurações $[Ar]3d^6$ e $[Ar]3d^5$, respectivamente.

$$Fe\,[Ar]\,3d^6\,4s^1 \rightarrow Fe^{2+}\,[Ar]\,3d^6$$
$$Fe\,[Ar]\,3d^6\,4s^1 \rightarrow Fe^{3+}\,[Ar]\,3d^5$$

Quando o ferro reage com o cloro (Cl_2) para produzir **_tricloreto de ferro_** ($FeCl_3$), reação representada pela equação $2Fe + 3\,Cl_2 \rightarrow 2\,FeCl_3$, cada átomo de ferro perde três elétrons para formar um íon paramagnético Fe^{3+} com a configuração $[Ar]3d^5$.

Nos ânions, os elétrons são adicionados ao orbital com o mais baixo valor de n disponível.

$$F\,[He]\,2s^2\,2p^5 \rightarrow F^-\,[He]\,2s^2\,2p^6$$

? CURIOSIDADE

Tricloreto de ferro
O tricloreto de ferro é utilizado como agente de floculação e coagulação em tratamento de esgoto, produção de água potável e produção de papel e diversos derivados de celulose.

EXERCÍCIO RESOLVIDO

2) Qual é a configuração eletrônica da camada externa do silício?

Solução
O silício (Si) está no 3º período, portanto a camada mais externa é a 3ª camada. E a configuração eletrônica é Si $3s^2\,3p^2$.

2.5 Propriedades periódicas

Tabela periódica moderna (metais, não metais, metaloides e gases nobres)

As propriedades químicas e físicas de um elemento são determinadas pelo número atômico. A tabela periódica moderna arranja os 114 elementos reconhecidos pela União Internacional de Química Pura e Aplicada (IUPAC) por períodos (linhas horizontais) e por grupos (colunas verticais), dispostos em ordem crescente de número atômico, isto é, na ordem de carga nuclear crescente, de modo que cada elemento contém um elétron no orbital a mais que o precedente.

Os grupos são numerados de 1 a 18. Os grupos 1, 2, 13 ao 18 são chamados de elementos representativos ou elementos do grupo principal, e os grupos 3 ao 12 são conhecidos como elementos de transição. Os metais de transição interna são aqueles que aparecem abaixo da tabela, conhecidos como lantanídeos (do elemento lantânio, Z = 57, até o elemento lutécio, Z = 71) e actinídeos (do elemento actínio, Z = 89, até o elemento lawrêncio, Z = 103).

Na tabela periódica, os elementos estão classificados em metais, metaloides, ametais e gases nobres de acordo com as suas propriedades físicas e químicas.

Os metais são os elementos mais abundantes na tabela periódica. São lustrosos, maleáveis, dúcteis e bons condutores de calor e eletricidade. Com exceção do mercúrio (Hg), que é líquido, todos os outros metais são sólidos à temperatura ambiente.

Os metais alcalinos do grupo 1 (anteriormente conhecidos como grupo IA): lítio (Li), sódio (Na), potássio (K), rubídio (Rb), césio (Cs) e frâncio (Fr), por serem muito reativos, são encontrados na natureza combinados com substâncias compostas. Esses metais têm apenas um elétron em sua camada externa, portanto estão prontos para perder um elétron fazendo uma ligação iônica com outros elementos, como, por exemplo, com o cloro (Cl) no cloreto de sódio (NaCl). Ao reagirem com água, produzem hidróxidos e gás hidrogênio. Mas atenção, pois os metais alcalinos podem explodir quando expostos à água. Todos eles reagem com água, com gás oxigênio (O_2) e com os halogênios. O césio e o frâncio são os elementos mais reativos desse grupo.

Os metais alcalinos terrosos do grupo (antigo grupo IIA): Be, Mg, Ca, Sr, Ba e Ra, possuem dois elétrons na camada de valência, podem participar de ligações metálicas e, ao reagirem com água, produzem soluções alcalinas.

Por causa de sua reatividade, os metais alcalinos não são encontrados livres na natureza, somente em forma de substâncias compostas, como a cal (CaO), usada na construção civil na preparação de argamassa, a fenaquita ($BeSiO_4$) e a hidroxiapatita ($Ca_{10}(PO_4)_6(OH)_2$). O berílio se difere dos demais elementos desse grupo por possuir eletronegatividade mais elevada e favorecer a formação de compostos covalentes.

Os metais do bloco B ou elementos de transição, dos grupos 3 ao 10 (antigos grupos de IIIB até VIIB), e os grupos 11 e 12 (anteriormente grupos IB e IIB, respectivamente) podem ocorrer naturalmente em combinação com outros elementos ou como substâncias simples e apresentam vários estados de oxidação.

Os elementos de transição são considerados os possuidores dos orbitais de valência 3*d*, 4*d* e 5*d*, além dos lantanídeos e os actinídeos, denominados elementos de transição interna, que possuem orbitais de valência 4*f* e 5*f*. Existem três elementos notáveis na família dos metais de transição: ferro, cobalto e níquel. Eles são os únicos elementos conhecidos para a produção de um campo magnético. O ferro (Fe) e o titânio (Ti) são os metais desse grupo em maior quantidade na crosta terrestre.

São classificados como "outros metais" os elementos: alumínio (Al), gálio (Ga), índio (In), estanho (Sn), tálio (Tl), chumbo (Pb), fleróvio (Fl), bismuto (Bi) e ***livermório*** (Lv), que estão localizados nos grupos 13, 14, 15 e 16. Todos esses elementos são sólidos, têm uma densidade relativamente elevada e são opacos.

No grupo 13, são metais o alumínio, que é o metal mais abundante na Terra com 8,2% em massa, o gálio, o índio e o tálio. No grupo 14, são metais o estanho, o chumbo e o

COMENTÁRIO

Livermório

O livermório é um elemento radioativo, produzido artificialmente ao bombardearem átomos de cúrio com íons de cálcio, sobre o qual pouco se sabe. Tem quatro isótopos com meias-vidas conhecidos, os quais se decompõem por decaimento alfa; o mais estável é o 293lv. Esse nome foi escolhido para homenagear o trabalho realizado pelos cientistas do Laboratório Nacional Lawrence Livermore, na Califórnia, na descoberta dos elementos superpesados.

> **? CURIOSIDADE**
>
> Boro
>
> Quantidades limitadas de boro elementar são amplamente utilizadas para aumentar a dureza do aço. Sendo adicionado ao aço na forma de liga de ferro-boro. Já o arsênio pode formar ligas com metais, incluindo platina e cobre para melhorar a resistência à corrosão.

> **💬 CONCEITO**
>
> Halogênios
>
> O termo *halogênio* significa "formador de sal" e os compostos que contêm halogêneos são chamados de "sais", como o iodeto do potássio ki.

fleróvio, metal altamente radioativo, cujo nome foi escolhido para homenagear Georgiy N. Flerov (1913-1990), renomado físico russo que descobriu a fissão espontânea do urânio e foi um pioneiro na física de íons pesados. No grupo 15, somente o bismuto, e no grupo 16, temos o livermório.

Os metaloides ou antigos semimetais estão localizados ao longo da linha entre os metais e não metais da tabela periódica, de modo que exibem características de ambas as classes. O silício, por exemplo, possui um brilho metálico, no entanto é um condutor ineficiente e quebradiço. O posicionamento diagonal dos metaloides representa uma exceção, pois os elementos com propriedades similares tendem a ocorrer nos grupos verticais. Os metaloides são **_boro_**, silício, germânio, arsênico, antimônio e telúrio. O polônio é muitas vezes considerado um metaloide também. A reatividade dos metaloides depende do elemento com o qual eles estão reagindo. Por exemplo, o boro atua como um não metal quando reage com o sódio, e como um metal quando reage com o flúor. Os pontos de ebulição, de fusão e as densidades dos metaloides variam amplamente.

Entre as aplicações dos metaloides, ligas com metais de transição são bem representados.

Os não metais ou ametais são elementos dos grupos 14 ao 16 da tabela periódica (IIIA ao VIIA). Não são bons condutores de eletricidade ou calor, são frágeis e existem somente em dois dos três estados físicos da matéria à temperatura ambiente: gasoso (como o oxigênio) e sólido (como o carbono). No grupo 14, são ametais somente o carbono; no grupo 15, o nitrogênio e o fósforo; no grupo 16, dos calcogênios, o oxigênio, o enxofre e o selênio, e no grupo 17, dos **_halogênios_**, o flúor, cloro, bromo, iodo e astato. Existem os halogênios, à temperatura ambiente, em todos os três estados da matéria: sólido (iodo e astato), líquido (bromo) e gasoso (flúor e cloro).

Os seis gases nobres são encontrados no grupo 18 (VIIIA): hélio (He), neônio (Ne), argônio (Ar), criptônio (Kr), xenônio

(Xe) e radônio (Rn). Esses elementos foram considerados gases inertes até 1960, porque o seu número de oxidação porque o seu número de oxidação 0 impede que eles sejam reativos. Todos os gases nobres têm o número máximo de elétrons possíveis na camada mais externa (hélio: 2; todos os outros: 8). A tabela 2.7 apresenta a tabela periódica atual segundo a IUPAC.

TABELA 2.7 TABELA PERIÓDICA DOS ELEMENTOS IUPAC – 2014

1	2	3	4	5	6	7	8	9	10	11	12	13	14	15	16	17	18
H																	He
Li	Be											B	C	N	O	F	Ne
Na	Mg											Al	Si	P	S	Cl	Ar
K	Ca	Sc	Ti	V	Cr	Mn	Fe	Co	Ni	Cu	Zn	Ga	Ge	As	Se	Br	Kr
Rb	Sr	Y	Zr	Nb	Mo	Tc	Ru	Rh	Pd	Ag	Cd	In	Sn	Sb	Te	I	Xe
Cs	Ba	La-Lu	Hf	Ta	W	Re	Os	Ir	Pt	Au	Hg	Tl	Pb	Bi	Po	At	Rn
Fr	Ra	Ac-Lr	Rf	Db	Sg	Bh	Hs	Mt	Ds	Rg	Cn		Fl		Lv		

		La	Ce	Pr	Nd	Pm	Sm	Eu	Gd	Tb	Dy	Ho	Er	Tm	Yb	Lu	
		Ac	Th	Pa	U	Np	Pu	Am	Cm	Bk	Cf	Es	Fm	Md	No	Lr	

EXERCÍCIO RESOLVIDO

3) Quais os elementos químicos pertencentes à família dos metais alcalinos?

Solução

Li, Na, K, Rb, Cs e Fr.

Na tabela 2.8 são mostrados os símbolos, os nomes e os números atômicos dos elementos químicos da tabela periódica.

TABELA 2.8 NOMES E SÍMBOLOS DOS ELEMENTOS QUÍMICOS DE NÚMEROS ATÔMICOS DE 1 A 116

Z	ELEMENTO	SÍMBOLO	Z	ELEMENTO	SÍMBOLO
1	hidrogênio	H	4	berílio	Be
2	hélio	He	5	boro	B
3	lítio	Li	6	carbono	C

Z	ELEMENTO	SÍMBOLO	Z	ELEMENTO	SÍMBOLO
7	nitrogênio	N	33	arsênio	As
8	oxigênio	O	34	selênio	Se
9	flúor	F	35	bromo	Br
10	neônio	Ne	36	criptônio	Kr
11	sódio	Na	37	rubídio	Rb
12	magnésio	Mg	38	estrôncio	Sr
13	alumínio	Al	39	ítrio	Y
14	silício	Si	40	zircônio	Zr
15	fósforo	P	41	nióbio	Nb
16	enxofre	S	42	molibdênio	Mo
17	cloro	Cl	43	tecnécio	Tc
18	argônio	Ar	44	rutênio	Ru
19	potássio	K	45	ródio	Rh
20	cálcio	Ca	46	paládio	Pd
21	escândio	Sc	47	prata	Ag
22	titânio	Ti	48	cádmio	Cd
23	vanádio	V	49	índio	In
24	crômio	Cr	50	estanho	Sn
25	manganês	Mn	51	antimônio	Sb
26	ferro	Fe	52	telúrio	Te
27	cobalto	Co	53	iodo	I
28	níquel	Ni	54	xenônio	Xe
29	cobre	Cu	55	césio	Cs
30	zinco	Zn	56	bário	Ba
31	gálio	Ga	57	lantânio	La
32	germânio	Ge	58	cério	Ce

Z	ELEMENTO	SÍMBOLO	Z	ELEMENTO	SÍMBOLO
59	praseodímio	Pr	85	astato	At
60	neodímio	Nd	86	radônio	Rn
61	promécio	Pm	87	frâncio	Fr
62	samário	Sm	88	rádio	Ra
63	európio	Eu	89	actínio	Ac
64	gadolínio	Gd	90	tório	Th
65	térbio	Tb	91	protactínio	Pa
66	disprósio	Dy	92	urânio	U
67	hólmio	Ho	93	neptúnio	Np
68	érbio	Er	94	plutônio	Pu
69	túlio	Tm	95	amerício	Am
70	itérbio	Yb	96	cúrio	Cm
71	lutécio	Lu	97	berquélio	Bk
72	háfnio	Hf	98	califórnio	Cf
73	tantálio	Ta	99	einstênio	Es
74	tungstênio	W	100	férmio	Fm
75	rênio	Re	101	mendelévio	Md
76	ósmio	Os	102	nobélio	No
77	irídio	Ir	103	lawrêncio	Lr
78	platina	Pt	104	rutherfórdio	Rf
79	ouro	Au	105	dúbnio	Db
80	mercúrio	Hg	106	seabórgio	Sg
81	tálio	Tl	107	bóhrio	Bh
82	chumbo	Pb	108	hássio	Hs
83	bismuto	Bi	109	meitnério	Mt
84	polônio	Po	110	darmstácio	Ds

Z	ELEMENTO	SÍMBOLO	Z	ELEMENTO	SÍMBOLO
111	roentgênio	Rg	114	fleróvio	Fl
112	copernício	Cn			
			116	livermório	Lv

Raio atômico e eletronegatividade

Muitas das propriedades dos elementos variam de uma maneira mais ou menos regular à medida que caminhamos da esquerda para a direita dentro de um período ou de cima para baixo dentro de um grupo, na tabela periódica. As semelhanças nas propriedades dos elementos resultam de configurações eletrônicas e nas camadas de valência semelhantes.

Propriedades periódicas são padrões específicos que estão presentes na tabela periódica e ilustram diferentes aspectos de um determinado elemento, incluindo sua dimensão e suas propriedades eletrônicas. As principais propriedades periódicas dos elementos nos seus respectivos grupos e períodos são: raio atômico, energia de ionização, afinidade eletrônica e eletronegatividade. Iremos abordar duas dessas propriedades: o raio atômico e a eletronegatividade.

Devido à complexidade em medir o tamanho ou raio de um átomo e pelo fato de que, nos sistemas químicos, os átomos nunca estão isolados, mas sempre nas vizinhanças de outros os átomos, o raio atômico pode ser definido como a distância entre os átomos, ou melhor, a distância entre os núcleos dos dois átomos ligantes. No entanto, quando os átomos formam uma ligação como nas moléculas de H_2 e Cl_2, eles se aproximam mais uns dos outros do que os átomos não ligados, como os gases nobres, por exemplo, quando são congelados.

A unidade de medida do raio atômico é o picômetro (pm). O raio covalente é a metade da distância de ligação entre dois átomos idênticos.

EXERCÍCIO RESOLVIDO

4) Sabendo que na molécula de Cl_2 a distância entre os centros dos átomos é **198 pm**, calcule o raio covalente.

> **Solução**
> Para achar o raio covalente basta dividir por dois a distância entre os átomos de cloro. Sabendo que a distância é **198 pm**, então teremos 198/2 = 99 pm. Logo o raio covalente é igual a **99 pm**.

Assim, o raio atômico que medimos para os átomos de um elemento puro não será o mesmo nos compostos.

Na tabela periódica, observamos que, à medida que caminhamos para baixo dentro de um grupo, o tamanho dos átomos cresce e, à medida que caminhamos da esquerda para a direita através de um período, observamos um decréscimo gradual no tamanho do átomo.

A fim de interpretar esta tendência dentro da tabela periódica, em termos da estrutura eletrônica, devemos observar que dois fatores determinam o tamanho da camada mais externa dos átomos, ou seja, a distância média na qual os elétrons se encontram na camada mais externa: o número quântico n e a carga nuclear efetiva (Z_{ef}).

A carga nuclear efetiva é a carga sofrida por um elétron em um átomo polieletrônico. Cada elétron de um átomo é protegido (blindado) do efeito de atração da carga nuclear pelos elétrons do mesmo nível de energia e, principalmente, pelos elétrons dos níveis mais internos.

À medida que passamos de um átomo para o que está imediatamente abaixo, dentro de um grupo, cada elemento sucessivo tem seu elétron mais externo em uma camada com valor maior de n. A carga nuclear efetiva (Z_{ef}), sentida pelo elétron ou elétrons mais externos, permanece, aproximadamente, a mesma; dessa forma, o efeito é um aumento no tamanho com o aumento do número atômico dentro de um grupo. Por exemplo, entre metais alcalinos, do Li ao Cs, o aumento em tamanho é o resultado de o elétron estar em uma camada com n progressivamente maior.

A variação de tamanho quando percorremos uma linha dos elementos de transição e transição interna é muito menor do que entre os elementos representativos. Ela é consequência de os elétrons serem adicionados a uma camada mais interna, à medida que a carga nuclear torna-se maior. Na primeira linha dos elementos de transição, os elétrons mais externos situam-se na subcamada 4s, mas cada elétron sucessivo é adicionado à subcamada mais interna 3d. Os elétrons mais internos são mais efetivos na blindagem da carga nuclear, de maneira que os elétrons mais externos sentem um leve e gradual número de Z_{ef}. O decréscimo gradual no tamanho no preenchimento da subcamada 4f nos lantanídeos é denominado de contração dos lantanídeos e tem efeito marcante na química dos elementos de transição subsequentes aos lantanídeos no 6º período. Conferindo, por exemplo, ao Hf e ao Zr o mesmo tamanho, uma vez que as configurações eletrônicas da camada externa são idênticas.

Muitos elementos quando reagem para produzir compostos, eles o fazem por meio da formação de íons. Em geral, os íons positivos são menores que os átomos neutros a partir dos quais são formados. Este decréscimo de tamanho é resultado da remoção de todos os elétrons da camada mais externa do átomo; isso dá ao íon uma configuração eletrônica que é a mesma de um gás nobre. Por exemplo, um átomo de sódio, ao perder seu único elétron 3s, produz o íon Na$^+$, cuja estrutura eletrônica consiste no cerne do neônio.

$$Na\ [Ne]\ 3s^1 \rightarrow Na^+\ [Ne]$$

Os íons negativos, entretanto, são maiores que os átomos neutros. Isso ocorre porque, quando são produzidos, elétrons são adicionados à camada mais externa sem qualquer variação de carga nuclear. Cada elétron adicional proverá algum grau de blindagem para os outros elétrons originalmente presentes e, ao mesmo tempo, aumentará as repulsões entre os elétrons. Ambos os fatores tendem a provocar o aumento de tamanho da camada mais externa, tornando o íon negativo maior que o átomo neutro (figura 2.11).

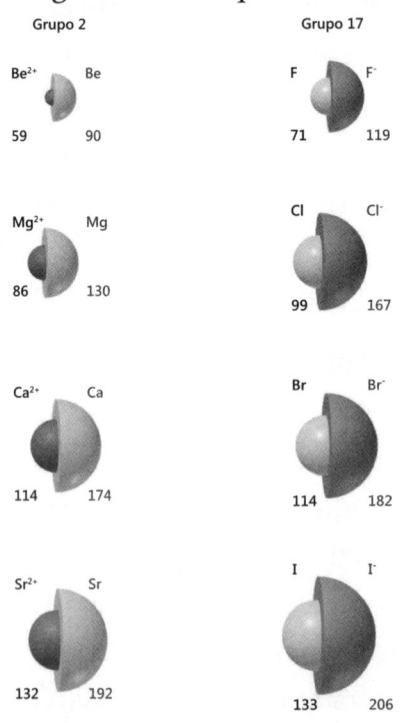

Grupo 2		Grupo 17	
Be^{2+} 59	Be 90	F 71	F$^-$ 119
Mg^{2+} 86	Mg 130	Cl 99	Cl$^-$ 167
Ca^{2+} 114	Ca 174	Br 114	Br$^-$ 182
Sr^{2+} 132	Sr 192	I 133	I$^-$ 206

Figura 2.11 Tamanho de átomos e os seus íons em picômetros (pm)

Os íons isoeletrônicos são os que possuem o mesmo número de elétrons e número diferente de prótons. À medida que o número de prótons aumenta em uma série de íons isoeletrônicos, o equilíbrio entre a atração elétron-próton e a repulsão elétron-elétron desloca-se a favor da atração e os raios diminuem. Como exemplo, de íons isoeletrônicos: óxido O^{2-}, fluoreto F^-, sódio Na^+ e magnésio Mg^+ (tabela 2.9).

TABELA 2.9 RAIO IÔNICO DE ÍONS ISOELETRÔNICOS				
ÍON	O^{2-}	F^-	Na^+	Mg^+
número de elétrons	10	10	10	10
número de prótons	8	9	11	12
raio iônico (pm)	140	133	98	79

Vimos que cada elemento possui uma carga nuclear e uma configuração eletrônica diferente. Veremos agora que os átomos de elementos diferentes apresentam capacidades diferentes de atrair elétrons quando participam de uma ligação química. A esta capacidade denomina-se eletronegatividade (χ), que é a atração que um átomo exerce sobre os elétrons em uma ligação química. Atenção, não confundir com afinidade eletrônica, que é uma energia e se refere a um átomo isolado.

Quando dois átomos idênticos se combinam, como, por exemplo, no H_2, ambos têm a mesma eletronegatividade. Uma vez que cada átomo é igualmente capaz de atrair o par de elétrons da ligação, este será compartilhado igualmente e permanecerá, em média, 50% de seu tempo nas vizinhanças de cada núcleo. Então, cada átomo de H tem, em torno de si, dois, elétrons, quase o tempo todo, o que neutraliza completamente a carga positiva em cada núcleo e por consequência cada átomo no H_2 possui uma carga nula.

H–H

Se as eletronegatividades dos dois átomos em uma ligação são diferentes, o par de elétrons será atraído, quase todo o tempo, para o elemento mais eletronegativo, como na molécula de HCl. O cloro é mais eletronegativo que o hidrogênio, uma vez que o par de elétrons na ligação H−Cl gasta mais tempo em torno do cloro do que em torno do hidrogênio. Isto significa que o átomo de Cl adquire uma pequena carga negativa, e o átomo de H, uma pequena carga positiva, representadas por δ+ e δ−, cargas parciais positivas e negativas respectivamente.

$$\overset{\delta+ \quad \delta-}{H-\ddot{\underset{..}{Cl}}:}$$

Cargas iguais positivas ou negativas separadas por uma distância constituem um dipolo. A molécula de HCl, com os seus centros de carga positiva e negativa, é um dipolo e, portanto, dita polar.

Qualquer molécula diatômica (dois átomos) formada por dois elementos de eletronegatividades diferentes será polar. Um dipolo é definido, quantitativamente, por seu momento dipolar (μ), ou seja, o produto da carga comum a ambas as extremidades do dipolo pela distância entre as cargas. Uma molécula muito polar é aquela que tem um grande momento dipolar, enquanto uma molécula apolar não tem momento dipolar.

Quando três ou mais átomos estão ligados entre si, é possível ter-se uma molécula apolar, ainda que existam ligações polares. Observe o dióxido de carbono, CO_2, que é uma molécula linear, o oxigênio é mais eletronegativo que o carbono e ela pode ser representada da seguinte forma:

$$\overset{\delta+ \quad \delta-}{\underset{\delta- \quad \delta+}{:\ddot{O}=C=\ddot{O}:}}$$

O momento dipolar total de uma molécula resulta da soma dos dipolos individuais das ligações dentro da molécula, que são somados como vetores.

No CO_2, estes dipolos das ligações estão orientados em direções opostas e se cancelam, completamente, um contra o outro.

$$:\ddot{O}=C=\ddot{O}:$$
$$\leftarrow \quad \rightarrow$$

CO_2 é apolar (μ = 0)

Na molécula de água, que tem forma angular, os dois dipolos das ligações não se cancelam; ao contrário, são parcialmente aditivos, o que faz com que a molécula da água tenha um momento dipolar diferente de zero e seja polar.

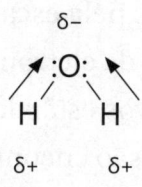

H_2O é polar ($\mu \neq 0$)

O momento dipolar μ de uma molécula poliatômica é a soma vetorial dos momentos dipolares associados às ligações polares e aos pares de elétrons não partilhados, sendo assim determinado pela geometria da molécula.

A molécula de tetracloreto de carbono, CCl_4, tem quatro ligações C-Cl polares, mas é apolar ($\mu = 0$), uma vez que a soma dos momentos dipolares é nula.

CCl_4 é apolar ($\mu = 0$)

O momento dipolar μ da molécula de triclorometano ou clorofórmio, $CHCl_3$, tem quatro ligações polares, três ligações C-Cl e uma ligação C-H e é polar ($\mu \neq 0$), uma vez que a soma dos momentos dipolares não se anula.

$CHCl_3$ é polar ($\mu \neq 0$)

Em geral, uma molécula poliatômica será apolar somente se as ligações forem apolares ou se suas estruturas tiverem os efeitos cancelados dos dipolos das ligações.

Apesar de existirem outras formas para medir a eletronegatividade, a escala mais utilizada foi desenvolvida pelo químico americano Linus Pauling (1901-1994). Eletronegatividade pode ser entendida como uma propriedade química que descreve a capacidade de um átomo para atrair elétrons e ligar-se a eles. Os números atribuídos pela escala de Pauling são adimensionais em razão da natureza qualitativa da eletronegatividade. Na tabela periódica, os elementos mais eletronegativos estão localizados na parte direita da tabela e os menos eletronegativos são encontrados na parte inferior esquerda (tabela 2.10).

TABELA 2.10 ELETRONEGATIVIDADE DOS ELEMENTOS SEGUNDO PAULING

1	2	3	4	5	6	7	8	9	10	11	12	13	14	15	16	17
H 2.1																
Li 1.0	Be 1.5											B 1.5	C 2.5	N 3.0	D 3.5	F 4.0
Na 0.9	Mg 1.2											Al 1.5	Si 1.8	P 2.1	S 3.5	Cl 3.0
K 0.8	Ca 1.0	Sc 1.3	Ti 1.5	V 1.6	Cr 1.6	Mn 1.5	Fe 1.8	Co 1.9	Ni 1.8	Cu 1.9	Zn 1.6	Ga 1.6	Ge 1.8	As 2.0	Se 2.4	Br 2.8
Rb 0.8	Sr 1.0	Y 1.2	Zr 1.4	Nb 1.6	Mo 1.8	Tc 1.9	Ru 2.2	Rh 2.2	Pd 2.2	Ag 1.9	Cd 1.7	In 1.7	Sn 1.8	Sb 1.9	Te 2.1	I 2.5
Cs 0.7	Ba 0.9		Hf 1.3	Ta 1.5	W 1.7	Re 1.9	Os 2.2	Ir 2.2	Pt 2.2	Au 2.4	Hg 1.9	Tl 1.8	Pb 1.9	Bi 1.9	Po 2.0	At 2.2
Fr 0.7	Ra 0.9															

Da esquerda para a direita em um período, a eletronegatividade aumenta; de cima para baixo em um grupo, a eletronegatividade diminui. O elemento que apresenta maior eletronegatividade é o flúor (F), $\chi = 4{,}0$, e os elementos com menor eletronegatividade são o césio (Cs) e o frâncio (Fr), ambos com $\chi = 0{,}7$.

Importantes exceções às regras acima são os gases nobres, lantanídeos e actinídeos. Os gases nobres possuem uma camada de valência completa e não costumam atrair elétrons. Os lantanídeos e actinídeos possuem uma química mais complexa, e geralmente não seguem todas as tendências. Portanto, gases nobres, lantanídeos e actinídeos não têm valores de eletronegatividade.

Utilização dos conceitos periódicos no estudo dos elementos e compostos químicos, Nox

As tendências para a eletronegatividade são opostas às tendências que determinam o caráter metálico. Os não metais apresentam os valores elevados de eletronegatividade, os metaloides têm valores intermediários e os metais têm valores baixos. É interessante observar que, assim como a eletronegatividade, a variação no potencial de ionização e na afinidade eletrônica apresenta os maiores valores na região superior direita da tabela periódica e os valores mais baixos na região inferior esquerda. Átomos com o lítio (Li) e o flúor (F), vindos de extremidades opostas da tabela periódica, formam ligações iônicas. Da mesma forma que átomos como hidrogênio (H) e cloro (Cl) formam ligações covalentes polares.

Na formação da ligação iônica do fluoreto de lítio, LiF, um elétron é transferido do lítio para o flúor para produzir Li^+ e F^-. Com o cloreto de hidrogênio, usualmente denominado ácido clorídrico, HCl, a ligação covalente polar é formada pela transferência parcial de um elétron do H para o Cl.

Muitas reações químicas envolvem transferência de carga eletrônica de um átomo para outro. Os termos que se aplicam a essas trocas tão importantes e comuns são a *oxidação* e a *redução*.

Podemos entender a oxidação como perda de elétrons e a redução como aquisição de elétrons. Assim, na formação do LiF, o Li sofre uma oxidação, perdendo um elétron, e o F sofre redução, adquirindo um elétron. De maneira similar, quando a molécula de HCl é formada pela reação de hidrogênio e cloro, o átomo de H, perdendo alguma carga eletrônica para o átomo de Cl, é oxidado, enquanto o átomo de Cl se torna reduzido.

O lítio, em sua reação com o flúor, é considerado um agente redutor, porque fornece o elétron que o flúor necessita em princípio para ser reduzido, ou seja, é o agente que permite a ocorrência da redução. O flúor, por outro lado, aceitando o elétron do lítio, permite que a oxidação aconteça, sendo considerado um agente oxidante. De maneira similar, podemos considerar o hidrogênio o agente redutor e o cloro o agente oxidante quando reagem para formar o HCl.

Podemos concluir, então, que os agentes oxidantes adquirem elétrons e se tornam reduzidos, enquanto os agentes redutores perdem elétrons e se tornam oxidados. Em qualquer reação, toda vez que uma substância perde elétrons, outra os ganha. Como uma oxidação é sempre acompanhada de uma redução, frequentemente é usado o termo *redox*, que significa reações de oxirredução. Outro termo utilizado é o número de oxidação ou *Nox*, que consiste em um sistema de notação capaz de registrar as transferências de elétrons durante as reações químicas. Um número de oxidação pode ser definido como a carga que um átomo teria se ambos os elétrons, em cada ligação, fossem considerados pertencentes ao elemento mais eletronegativo.

Na substância LiF, o número de oxidação considerado para Li^+ é 1+ e para o átomo de flúor no íon F^- é 1–. Na molécula HCl, como o Cl é mais eletronegativo que o hidrogênio, consideramos o número de oxidação 1+ para o H e 1– para o Cl, como se somente o átomo de cloro possuísse o par de elétrons.

Em uma molécula não polar, como o H_2, em que ambos os átomos são iguais e têm a mesma eletronegatividade, não ocorre transferência de elétrons. Nesse caso, o número de oxidação atribuído a cada átomo de H será zero.

Algumas regras foram criadas para auxiliar a atribuição do número de oxidação dos vários átomos em um composto. São elas:

1	O número de oxidação de qualquer elemento em sua forma elementar é zero, independentemente da complexidade da molécula na qual ocorre. Assim, os átomos no Ne, F_2, P_4 e S_8, por exemplo, têm número de oxidação zero.
2	O número de oxidação de qualquer íon simples é igual à carga do íon. Os íons Na^+, Al^{3+} e S^{2-} têm números de oxidação 1+, 3+ e 2–, respectivamente.
3	A soma de todos os números de oxidação de todos os átomos em um composto neutro é zero. Para um íon complexo, a soma algébrica dos números de oxidação deve ser igual à carga do íon.
4	Nos compostos, o flúor tem sempre um número de oxidação 1–.
5	Nos compostos, os elementos do grupo 1 (exceto o hidrogênio) têm sempre um número de oxidação 1+.
6	Nos compostos, os elementos do grupo 2 têm sempre número de oxidação 2+.

7	Um elemento do grupo 17 tem número de oxidação 1– nos compostos binários (dois elementos diferentes) com metais. Por exemplo, $FeCl_2$, $CrCl_3$ e NaCl.
8	O oxigênio, usualmente, tem um número de oxidação 2–.
9	O hidrogênio possui, quase sempre, um número de oxidação 1+.
10	Para íons poliatômicos como SO_4^{2-} e NO_3^-, a carga no íon pode ser considerada como o número de oxidação global do íon.

No caso dos peróxidos, como o íon O_2^{2-} e o H_2O_2, que contêm uma ligação O-O, o oxigênio assume um número de oxidação 1–. O oxigênio também forma compostos chamados superóxidos, que contêm o íon O_2^-, nos quais o número de oxidação do oxigênio é ½–.

EXERCÍCIO RESOLVIDO

5) Quais são os números de oxidação de todos os átomos do nitrato de potássio, KNO_3?

Solução

Sabemos que a soma dos números de oxidação de todos os átomos deve ser igual a zero. Analisando os elementos que fazem parte da molécula KNO_3, temos:

K 1.(1+) = 1+
N 1.(x) = x
O 3.(2–) = 6–

Para que a soma dos números de oxidação seja igual a zero, x deve ser igual a 5+.

EXERCÍCIOS DE FIXAÇÃO

1. Por que Rutherford concluiu que a carga positiva deve estar concentrada em um núcleo muito denso dentro do átomo?

2. Qual é a carga de um átomo em seu estado fundamental?

3. A pirita (FeS_2) era a única fonte de enxofre e ácido sulfúrico usada em toda a indústria. Isso levou a danos ambientais devastadores, tornando ácidos as águas subterrâneas e córregos próximos. Quantos mols de Fe e S estão contidos em 3 mols de pirita?

4. Que isótopo serve como padrão para a escala corrente de massa atômica?

5. Quais são os únicos isótopos do hidrogênio?

6. Quais são os valores dos números quânticos *n*, *l* e *m* para cada um dos seguintes orbitais: 5*d*, 7*s*, 6*p* e 4*f*?

7. Qual a diferença entre os orbitais 1*s* e 2*s*?

8. Qual é a configuração do chumbo?

9. Quais dos seguintes elementos são metais: Ta, Nd, Se, F e Sr?

10. Escolha a maior espécie de cada par: S e Se; Fe^{2+} e Fe^{3+}; F e F^-; Li e Li^+.

IMAGENS DO CAPÍTULO

Dalton, John © Georgios | Dreamstime.com – John Dalton (foto).
Faraday, Michel © Chrisdorney | Dreamstime.com – estátua de Michael Faraday em Londres (foto).
Rutherford, Ernest © Ekaterina79 | Dreamstime.com – selo postal da antiga URSS (foto).
Desenhos, gráficos e tabelas cedidos pelo autor do capítulo.

GABARITO

1) Por meio dos experimentos com partículas alfa, Rutherford observou que parte dessas partículas eram defletidas em virtude das repulsões entre as partículas alfa e o núcleo, ambos carregados positivamente.

2) Todo átomo no estado fundamental possui carga neutra.

3) Em **3 mols** de pirita estão contidos **3 mols** de **Fe** e **6 mols** de **S**.

4) O isótopo do carbono.

5) O prótio, o deutério e o trítio.

6) 5*d* *n* = 5; *l* = 2 e *m* = −2 −1 0 +1 +2
   7*s* *n* = 7; *l* = 0 e *m* = 0
   6*p* *n* = 6; *l* = 1 e *m* = −1 0 +1
   4*f* *n* = 4; *l* = 3 e *m* = −3 −2 −1 0 +1 +2 +3

7) O orbital 1*s* é mais compacto que o orbital 2*s* devido ao tamanho e à energia do orbital *s* aumentarem à medida que *n* aumenta.

8) O chumbo (Pb), possui Z igual a 82 e sua configuração eletrônica é [Xe] $4f^{14}$ $5d^{10}$ $6s^2$ $6p^2$.

9) O **Ta** (tantálio) e o **Nd** (neodímio) são metais de transição, e o **Sr** (estrôncio), metal alcalino terroso.

10) Entre Se > Se; Fe^{2+} > Fe^{3+}; F^- > F e Li > Li^+.

3 Ligação química

NÉLIA DA SILVA LIMA

3 / Ligação química

Realizado o estudo da matéria e suas propriedades, a classificação dos elementos na tabela periódica, será discutido o comportamento das substâncias e como é possível que dois ou mais elementos possam compor, de maneira estável, tudo que conhecemos como gases, líquidos e sólidos.

As moléculas de substâncias no estado líquido e gasoso possuem energia cinética e potencial que conferem movimento de rotação e translação entre as moléculas que compõem as substâncias; já no estado sólido é registrada apenas a energia vibracional da ligação. Na figura 3.1 estão representados os movimentos de translação e rotação e a vibração molecular.

translação molecular — rotação molecular — vibração molecular

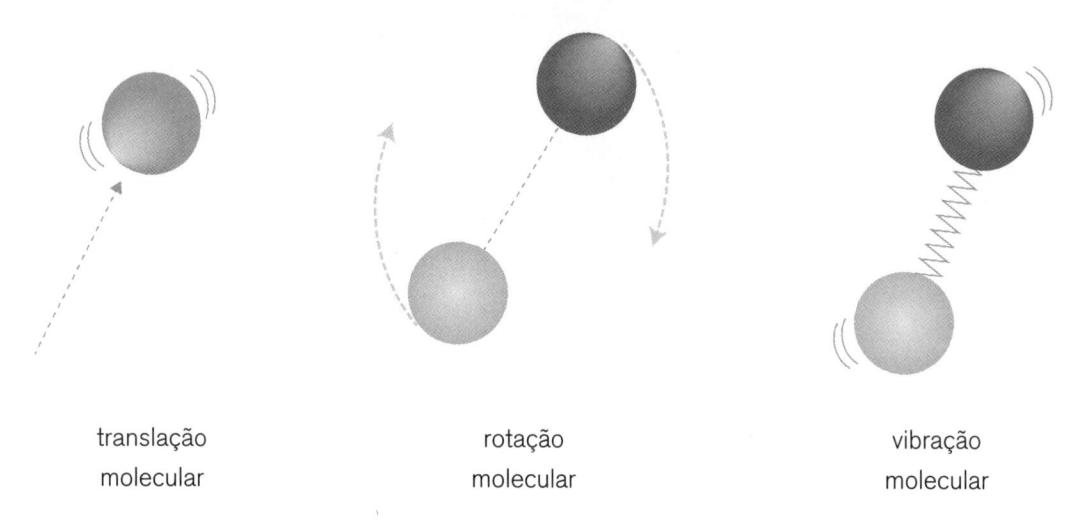

Figura 3.1 Movimentos de translação, rotação e vibração molecular

Nota-se que além de uma espécie de "energia ou força" que mantém, de certa forma, ligados dois ou mais elementos químicos diferentes, há também essa mesma "energia ou força" que mantém mais próxima ou não uma molécula da outra. Classificam-se, então, essas energias como *forças intermoleculares*, que atuam definindo a aproximação molécula-molécula, e *forças intramoleculares*, que atuam no interior dessas moléculas entre os vários átomos que as compõem.

As forças intermoleculares são descritas como dipolo-dipolo, *pontes de hidrogênio* e *forças de Van der Waals*. As forças intramoleculares são conhecidas como *ligações químicas*. Propriedades da água como capacidade de solvente e tensão superficial são devidas principalmente às pontes de hidrogênio. Na figura 3.2 a seguir encontra-se representado esquematicamente o comportamento das pontes de hidrogênio.

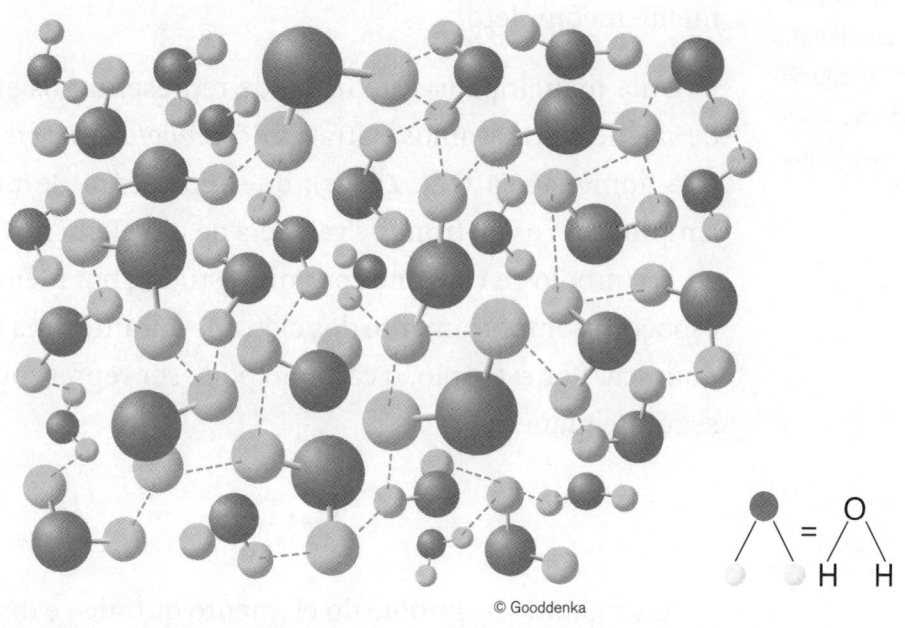

Figura 3.2 Representação das ligações de hidrogênio na molécula de água

Um composto químico possui estrutura química única e é formado por uma razão fixa de átomos dispostos espacialmente num arranjo mantido por ligações químicas. Esse arranjo único é chamado de *molécula*. Quando as moléculas se aglomeram, elas formam o composto químico. Resta agora classificar as maneiras distintas de formar uma molécula por meio das ligações químicas, verificando quais propriedades dos compostos estão associadas ao tipo de ligação. Neste capítulo serão discutidos os fundamentos básicos das ligações químicas e suas particularidades.

3.1 Símbolo de Lewis e a regra do octeto

O diagrama de distribuição eletrônica, conhecido no Brasil como Diagrama de Linus Pauling, elucida como os elétrons de cada elemento encontram-se organizados em níveis e subníveis de energia. Tomando como exemplo o elemento químico carbono, que possui seis elétrons no total, sua distribuição eletrônica em subníveis é representada por: $1s^2$, $2s^2$, $2p^2$ com quatro elétrons na camada mais externa.

São os elétrons da camada mais externa, não preenchida completamente, que participarão das ligações químicas. Uma vez que se encontram

PERSONALIDADE

Lewis

Gilbert Newton Lewis (1875-1946) foi um físico-químico americano cujo conceito de pares de elétrons levou a teorias modernas da ligação química. Seu conceito de ácidos e bases foi outra contribuição fundamental.

energeticamente mais favoráveis, recebem o nome de *elétrons de valência*. O termo valência (do latim *valere*, "ser forte"), em síntese, refere-se à capacidade de estabelecer ligações químicas a fim de preencher o subnível especificamente incompleto.

Uma maneira bastante usual de representar os elétrons de valência dos átomos é através do *símbolo de Lewis* (nome que homenageia G.N. *Lewis*), que representa de maneira simplificada os elétrons de valência de um elemento químico. O símbolo de Lewis nos permite estudar, por meio de um esboço, o comportamento dos elétrons durante uma ligação química. Por exemplo, o carbono pode ser representado da seguinte maneira:

$$\cdot \overset{\cdot}{\underset{\cdot}{C}} \cdot$$

Assinalando o símbolo do elemento químico e dispondo à sua volta os elétrons de valência, configura-se o símbolo de Lewis, no qual cada ponto representa um elétron. Os pontos podem ser colocados nos quatro lados do elemento químico, no entanto a colocação de um, dois ou mais pontos é arbitrária, podendo ser escolhida em favor da formação das nuvens eletrônicas formadas por pares de elétrons não participantes de ligações ou mesmo da definição da geometria molecular.

Considerando a enorme quantidade de compostos químicos existentes, baseados na combinação de dois ou mais átomos, é possível notar que os átomos tendem, sob efeito de alguma energia, a ganhar, perder ou mesmo compartilhar elétrons, estabelecendo ligações – *as ligações químicas*. Essas ligações acontecem sob aspectos distintos no que diz respeito ao comportamento dos elétrons, classificando-se em: iônicas, covalentes e metálicas.

Na ligação iônica, por exemplo, é observada a migração de um ou mais elétrons de um átomo para outro. É necessária uma energia mínima para retirar um elétron de um átomo ou íon no estado gasoso, e essa energia é denominada *energia de ionização*. Tanto maior seja seu valor absoluto, mais difícil ou pouco provável fica a retirada deste elétron. Realizando um estudo minucioso acerca dos elementos da tabela periódica, destacam-se os gases nobres, que apresentam configuração eletrônica de notável estabilidade manifestada pelas elevadas *energias de ionização* e uma pequena (quase ausente) afinidade por elétrons extras, além de serem destacados com reatividade química bastante reduzida. A afinidade eletrônica pode ser definida como a quantidade de energia liberada quando um átomo neutro, no estado gasoso, forma um ânion. Os valores da afinidade eletrônica podem ser positivos ou negativos. Na maioria das vezes são negativos, mas se o valor for positivo significa que o ânion formado não é estável. Como exemplo, temos o nitrogênio (N): a adição de um elétron forçaria o emparelhamento de elétrons no orbital *p*, o que aumentaria a repulsão elétron-elétron. Logo, no nitrogênio, o valor da afinidade eletrônica é positivo. Quanto mais negativa for a afinidade eletrônica, mais estável será o ânion. Dessa forma, os gases nobres possuem afinidade eletrônica ligeiramente negativa.

Com exceção do gás hélio (He), todos os gases nobres possuem oito elétrons na camada de valência, e todos os átomos submetidos às reações químicas passam por transformações acompanhadas do trânsito ou compartilhamento de elétrons acabam por ficar também com oito elétrons na camada de valência. A esse comportamento denominou-se *Regra do Octeto*.

EXERCÍCIO RESOLVIDO

1) Considere os seguintes átomos: **Na, Ca, O, Br** para as perguntas a seguir:
a) Dê o íon que se forma com cada átomo.

Solução

Para cada átomo é possível estimar, pela sua localização na tabela periódica, se haverá formação de cátion (íon formado pela perda de um ou mais elétrons) ou ânion (íon formado pelo ganho de um ou mais elétrons). Depois, analisando a distribuição eletrônica, pode-se determinar o íon que será formado de maneira a atender à Regra do Octeto, na qual cada átomo deve atingir um total de oito elétrons na camada de valência.

O sódio (**Na**) é metal do grupo 1A e tende a perder elétrons, configurando-se como cátion. Como Z = 11, a distribuição eletrônica $1s^2\, 2s^2\, 2p^6\, \mathbf{3s^1}$ indica que podemos esperar que um elétron seja perdido com facilidade para formar o cátion Na^+.

O cálcio (**Ca**) é metal do grupo 2A e tende a perder elétrons, configurando-se como cátion. Como Z = 20, a distribuição eletrônica $1s^2\, 2s^2\, 2p^6\, 3s^2\, 3p^6\, \mathbf{4s^2}$ indica que podemos esperar que dois elétrons sejam perdidos com facilidade para formar o cátion Ca^{2+}.

O oxigênio (O) é não metal do grupo 6A e tende a ser encontrado como ânion. Como Z = 8, a distribuição eletrônica 1s^2 **2s^2 2p^4** possui dois elétrons a menos que a configuração do gás nobre neônio (Ne). Espera-se, então, que o oxigênio forme íons O_{2-}.

O bromo (Br) é não metal do grupo 7A e tende a ser encontrado como ânion. Como Z = 35, a distribuição eletrônica 1s^2 2s^2 2p^6 3s^2 3p^6 **4s^2** 3d^{10} **4p^5** possui um elétron a menos que a configuração do gás nobre criptônio (Kr). *Note que a 4ª (quarta) camada é a camada de valência e somente os elétrons ali posicionados devem ser somados.* Espera-se, então, que o bromo forme íons Br⁻.

b) A camada de valência é a camada mais externa do átomo, e os elétrons que ali se localizam recebem o mesmo nome: elétrons de valência. A modificação na quantidade desses elétrons em virtude do trânsito para atender à Regra do Octeto e formar as ligações químicas faz modificar o tamanho do átomo. Para cada átomo mencionado, mostre a quantidade de elétrons de valência.

Solução

Pela configuração eletrônica podemos estimar a quantidade de elétrons de valência.

Sódio (Na) – 1s^2 2s^2 2p^6 **3s^1**. A 3ª (terceira) camada – a mais externa – apresenta apenas um único elétron de valência.

Cálcio (Ca) – 1s^2 2s^2 2p^6 3s^2 3p^6 **4s^2**. A 4ª (quarta) camada apresenta dois elétrons de valência.

Oxigênio (O) – 1s^2 **2s^2 2p^4**. A 2ª (segunda) camada apresenta seis elétrons de valência.

Bromo (Br) – 1s^2 2s^2 2p^6 3s^2 3p^6 **4s^2** 3d^{10} **4p^5**. A 4ª (quarta) camada apresenta sete elétrons de valência.

3.2 Ligações iônicas

Para melhor entender sobre as ligações iônicas, é importante lembrar que potencial de ionização é a energia requerida para retirar um elétron do átomo, e a afinidade eletrônica é a energia liberada quando um átomo recebe um elétron, ou seja:

$$M \longrightarrow M^+ + 1\bar{e} \text{ (potencial de ionização)}$$
$$X^+ + 1\bar{e} \longrightarrow X^- \text{ (afinidade eletrônica)}$$

Portanto, quanto maior for a afinidade eletrônica, menor será o potencial de ionização e vice-versa. Neste caso vemos que alguns elementos tendem a doar seus elétrons mais facilmente e outros a receber elétrons liberando energia. O ato de receber ou doar elétrons leva à formação de ânions e cátions (partículas carregadas negativa ou positivamente). Lembrando o enunciado da lei de Coulomb, haverá forças de interação (atração e repulsão) entre duas cargas elétricas puntiformes, ou seja, com dimensão e massa desprezível. Pelo princípio de atração e repulsão, cargas com sinais opostos são atraídas; tal proximidade fará com que os átomos carregados eletricamente permaneçam "ligados" e assim configurem um estado de equilíbrio elétrico. Como nas ligações químicas há um rearranjo do posicionamento dos elétrons, o tipo de ligação química será definido considerando a maneira como esse rearranjo acontece para então formar a molécula. Em situações que envolvem transferência total de elétrons e consequente formação de íons (ânions ou cátions), a atração descrita por Coulomb receberá o nome de ligação iônica.

Quando em solução aquosa, os sais constituídos por halogênios e metais alcalinos são capazes de conduzir eletricidade, o que evidencia que são formados por íons. É sabido que os metais possuem tendência de perder elétrons, fenômeno chamado oxidação (que será estudado no capítulo 6), ou seja, os metais possuem maior potencial de ionização e baixa afinidade eletrônica e cederão o(s) elétron(s) para os halogênios, que, por sua vez, possuem baixo potencial de ionização e elevada afinidade eletrônica.

Um exemplo clássico de composto iônico é o cloreto de sódio (NaCl), formado pela reação entre o sódio metálico $Na_{(s)}$ e o cloro gasoso $Cl_{2(s)}$. A reação é exotérmica e acontece com intensa liberação de energia; o produto é formado no estado sólido:

$$Na_{(s)} + \frac{1}{2} Cl_{2(g)} \longrightarrow NaCl_{(s)} \quad \Delta H_f^0 = -410,9 \text{ kJ}$$

O cloreto de sódio é constituído pelos íons Na^+ e Cl^- dispostos numa rede tridimensional regular como mostra a figura 3.3:

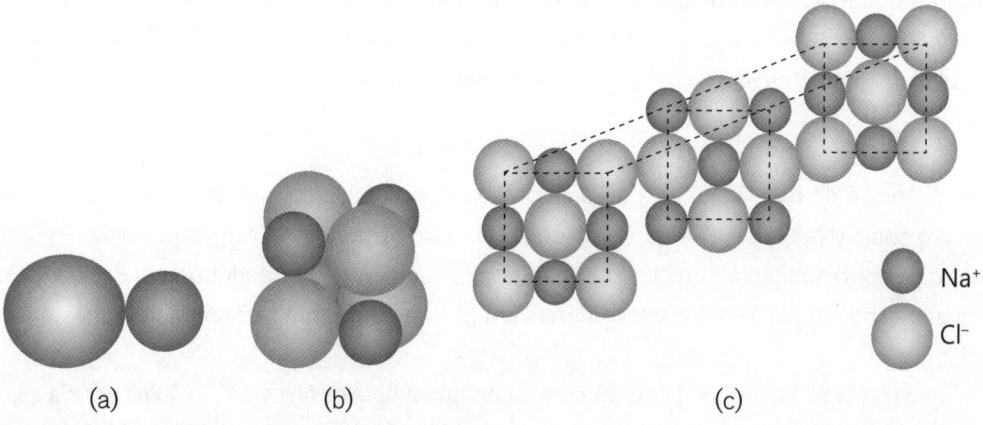

(a) (b) (c)

Na^+
Cl^-

Figura 3.3 (a) Um "conjunto" NaCl (b) O arranjo cúbico "mais simples" (c) Sistema cúbico de faces centradas (Para efeito de visualização, os três planos de íons que compõem a célula unitária são mostrados afastados, no modelo eles se tocam)

A ligação chamada iônica recebe esse nome em virtude da formação de íons durante o surgimento da ligação e do novo composto químico. Assim, conforme a figura 3.3c, a indicação do íon Na⁺ e do íon Cl⁻ sugere que um elétron foi cedido pelo átomo de sódio e recebido pelo átomo de cloro. Essa transferência só é possível em razão da grande diferença de afinidade eletrônica, fazendo com que cada átomo atue com forças de atração distintas. Fica claro aqui que o cloro possui maior atração e, por conseguinte, maior afinidade eletrônica, favorecendo a transferência do sódio para ele.

EXERCÍCIOS RESOLVIDOS

2) Das principais características dos compostos iônicos destacam-se o fato de formarem retículos cristalinos, fazendo com que se apresentem sólidos em temperatura ambiente, e também o fato de serem quebradiços e possuírem elevadas temperaturas de fusão e ebulição. Explique o tipo de energia em que está baseada a justificativa para tais afirmações dos compostos iônicos.

Solução

Os íons de cargas opostas provocam uma atração com magnitude suficiente para promover a ordenação e estabilização dos átomos. A medida dessa estabilidade é a *energia de rede*, que é a energia necessária para separar completamente, nos seus íons gasosos, um mol de um sólido iônico. Em outras palavras, é como se houvesse uma expansão uniforme do retículo cristalino de modo que as distâncias entre os íons aumentem até que todos estejam muito separados. Os valores encontrados são positivos e de magnitude acentuada, indicando que os íons estão fortemente ligados uns aos outros nos compostos iônicos. As interações muito intensas entre os íons fazem com que a maioria dos materiais iônicos seja dura e quebradiça com pontos de fusão elevados, como, por exemplo, o **NaCl** que funde a 801 °C.

3) Considerando a energia de rede como parâmetro de estabilidade para os sólidos cristalinos iônicos, tanto mais próximos os íons estiverem, uma quantidade maior de energia será necessária para separá-los. Assim, quanto menor for o raio iônico, maior será essa interação e mais estável o retículo cristalino. Levando em conta que os íons isoeletrônicos Na⁺, Mg^{2+} e Al^{3+} formarão retículos de diferentes tamanhos, explique a diferença do tamanho desses cátions.

Solução

Para definição do raio iônico leva-se em conta o efeito de blindagem de cada núcleo. Analisando o sódio (Na+) com Z = 11 (lembrando que são 11 prótons – cargas positivas – no núcleo) cuja configuração eletrônica fica: $1s^2$, $2s^2$, $2p^6$ após a saída do elétron em $3s^1$ deixando o núcleo blindado por 10 elétrons e apenas um próton para promover a atração dos elétrons restantes.

O magnésio (Mg^{2+}) com Z = 12 ficará com a configuração eletrônica $1s^2$, $2s^2$, $2p^6$ após a saída dos elétrons em $3s^2$ deixando o núcleo blindado por 10 elétrons tal qual o sódio. A diferença aqui é que o núcleo possui 12 cargas positivas e exercerá uma atração maior sobre os elétrons que ainda estão com o magnésio.

O alumínio (Al^{3+}) com Z = 13 também ficará com a configuração eletrônica $1s^2$, $2s^2$, $2p^6$ após a saída dos elétrons em $3s^2$ e $3p^1$, deixando o núcleo blindado por 10 elétrons tal qual o sódio. No entanto o núcleo do alumínio com 13 cargas positivas realizará uma atração ainda maior, fazendo com que o raio iônico do alumínio seja o menor entre os três citados.

Desta forma, os retículos cristalinos formados serão diferentes em tamanho e organização atômica em virtude do tamanho do raio iônico.

4) Explique o processo de formação de íons de metais de transição como o caso do Fe^{2+} e Fe^{3+}.

Solução

O ferro com Z = 26 possui configuração eletrônica $1s^2$, $2s^2$, $2p^6$, $3s^2$, $3p^6$, **$4s^2$**, $3d^6$ e no processo de formação dos íons, o ferro, que é um metal de transição, perde elétrons da subcamada s e depois tantos elétrons forem necessários para atingir a carga do íon, retirados da subcamada d adjacente. A configuração para o Fe^{2+} fica $1s^2$, $2s^2$, $2p^6$, $3s^2$, **$3p^6$**, **$3d^6$**, e para o Fe^{3+} fica $1s^2$, $2s^2$, $2p^6$, $3s^2$, $3p^6$, **$3d^5$**.

Eletronegatividade e a transferência de elétrons

O núcleo exerce atração sobre os elétrons, de forma que quanto menos camadas o átomo possuir, maior será o efeito da atração do núcleo sobre eles. Outro efeito pode ser acrescentado considerando a quantidade de elétrons na camada de valência. É importante lembrar que, para atender à *Regra do Octeto*, é necessário que seja completada a camada de valência com oito elétrons. De acordo com a energia de ionização, quanto maior o número de elétrons na camada de valência, menores são as chances de se retirar um elétron, sugerindo que alguns átomos poderão ceder mais facilmente um ou mais elétrons enquanto outros mostrarão uma tendência em receber elétrons. Considerando esses dois efeitos, a figura 3.4 mostra uma maneira de resumir as tendências identificadas.

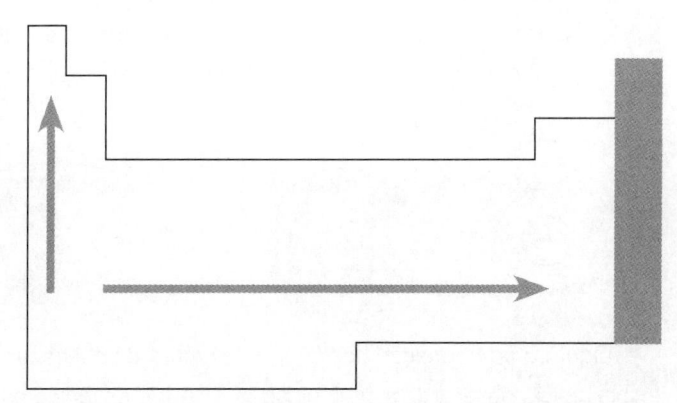

Figura 3.4 Esquema de setas mostrando a variação da eletronegatividade dentro da tabela periódica

CONCEITO

Eletronegatividade

"O conceito de eletronegatividade foi introduzido pelo químico sueco J.J. Berzelius (1779-1848), em 1811, que o definiu como sendo a capacidade que um átomo tem de atrair para si os elétrons. Linus Pauling aprofundou os estudos de Berzelius e, em 1931, propôs a primeira escala de *eletronegatividade*." (SANTOS, 2011)

No sentido vertical, das famílias, a **_eletronegatividade_** aumenta de baixo para cima, o que confirma que quanto mais próximos do núcleo estiverem os elétrons, maior será a atração e conseguinte dificuldade de extração. No sentido horizontal, dos períodos, a eletronegatividade aumenta da esquerda para direita, considerando o aumento da nuvem eletrônica proporcionada pelo maior número de elétrons na camada de valência. Nesse contexto, haverá uma tendência à cessão de elétrons nas famílias 1, 2 e 3, seguida pela tendência à recepção de elétrons nas famílias 15, 16 e 17, sempre com o objetivo de atender à Regra do Octeto. A família 14 (família do carbono) apresenta características de compartilhamento de elétrons, envolvendo outro tipo de ligação que será discutido na seção 3.3.

Na formação do cloreto de sódio, fica clara a definição da eletronegatividade quando o sódio, pertencente à família 1, cede um elétron para o cloro, pertencente à família 17. Com a formação dos íons Na^+ e do Cl^- será então observada uma atração eletrostática que dará origem ao sólido iônico NaCl. Um esquema simplificado pode ser acompanhado na figura 3.5 a seguir.

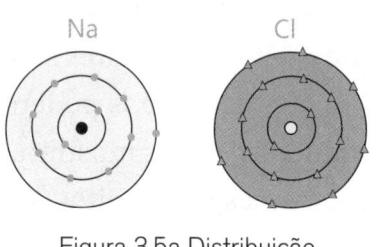

Figura 3.5a Distribuição eletrônica por camadas do Na (sódio) e do Cl (cloro)

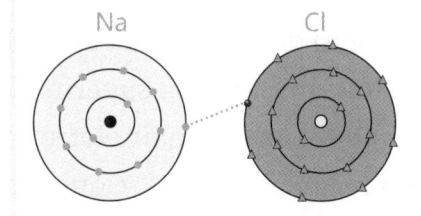

Figura 3.5b Atendendo à eletronegatividade, ocorre a transferência de um elétron do sódio para o cloro

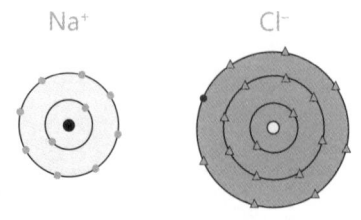

Figura 3.5c Formação dos íons Na^+ e Cl^-, observada a diminuição da nuvem eletrônica do sódio

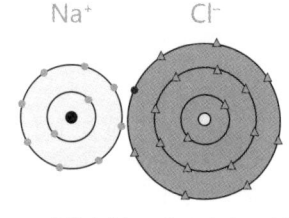

Figura 3.5d Atração eletrostática entre os íons e consequente formação do **NaCl**

EXERCÍCIO RESOLVIDO

5) Embora valores de diferença de eletronegatividade acima de 1,7 afirmem predominância do caráter iônico da ligação, como explicar a ligação predominante covalente polar entre o flúor de eletronegatividade 4,0 e o hidrogênio de eletronegatividade 2,1?

Solução

O hidrogênio em particular, exceção à Regra do Octeto, baseado na estabilidade do gás hélio (também chamada Regra do Dueto) com apenas dois elétrons na última camada, isso porque o hidrogênio, embora pertencente ao grupo 1A, não pode ser classificado como metal e não pode perder (em uma ligação iônica) seu único elétron. Assim sendo, o hidrogênio realiza apenas ligação covalente, assumindo um caráter polar devido à sua diferença de eletronegatividade com o flúor.

OBSERVAÇÃO

Íons

Observe que cada íon tem uma configuração estável de gás nobre.

Configuração eletrônica dos íons dos elementos representativos

Os **íons** formados a partir dos átomos da maior parte dos elementos representativos têm a configuração eletrônica de gás nobre $ns^2 np^6$ na camada mais externa. Na formação de um cátion a partir do átomo de um elemento representativo, um ou mais elétrons são removidos da camada n mais externa ocupada. As configurações eletrônicas de alguns átomos e dos seus cátions correspondentes são as seguintes:

Na: [Ne] $3s^1$	Na$^+$: [Ne]
Ca: [Ar] $4s^2$	Ca^{2+}: [Ar]
Al: [Ne] $3s^2 3p^1$	Al^{3+}: [Ne]

Na formação de um ânion, são acrescentados um ou mais elétrons à camada n mais externa preenchida. Considerando os exemplos:

H $1s^1$	H$^-$ $1s^2$ ou [He]
F $1s^2 2s^2 2p^5$	F$^-$ $1s^2 2s^2 2p^6$ ou [Ne]
O $1s^2 2s^2 2p^4$	O^{2-} $1s^2 2s^2 2p^6$ ou [Ne]
N $1s^2 2s^2 2p^3$	N^{3-} $1s^2 2s^2 2p^6$ ou [Ne]

Todos esses ânions também têm a configuração estável de gás nobre. Observe que F^-, Na^+ e Ne (além do Al^{3+}, O^{2-} e N^{3-}) têm todos a mesma configuração eletrônica. Diz-se que são *isoeletrônicos* porque têm o mesmo número de elétrons e, por isso, a mesma *configuração eletrônica* no estado fundamental. Assim, o H^- e o He são isoeletrônicos.

Íons dos metais de transição

Os elementos do bloco *d* são chamados de elementos de transição porque estão entre os elementos do bloco *s* e do bloco *p*.

Certamente o que é mais notável nos elementos de transição é a possibilidade de poderem existir em diversos estados de oxidação, e este número será definido de acordo com a quantidade de elétrons cedidos na ligação.

Na tabela a seguir constam os números prováveis de oxidação para os elementos associados às famílias.

TABELA 3.1 ESTADOS DE OXIDAÇÃO DOS ELEMENTOS DE TRANSIÇÃO

	Sc	Ti	V	Cr	Mn	Fe	Co	Ni	Cu	Zn
ESTRUTURA ELETRÔNICA	d^1s^2	d^2s^2	d^3s^2	d^4s^2 d^5s^1	d^5s^2	d^6s^2	d^7s^2	d^8s^2	d^9s^2 $d^{10}s^1$	$d^{10}s^2$
ESTADOS DE OXIDAÇÃO				I					I	
	II	II	II	II	II	II	II	II	II	II
		III	III	III	III	III	III	III	III	
		IV	IV	IV	IV	IV	IV	IV		
			V	V	V	V	V			
				VI	VI	VI				
					VII					

Particularmente no caso do Cr (cromo), sendo o elétron do orbital *s* utilizado na ligação, o número de oxidação será +1. Dependendo do número de elétrons *d* utilizados para formar as ligações, o cromo poderá ter estados de oxidação que variam entre +II e +VII. Tais estados de oxidação podem ser facilmente memorizados se for observada uma pirâmide invertida na tabela 3.1, com exceção do cromo e do cobre.

EXERCÍCIO RESOLVIDO

6) Estando à temperatura ambiente, os compostos iônicos e metálicos formam retículos cristalinos que se encontram no estado sólido e divergem nas propriedades, por exemplo na maleabilidade, ductilidade. Explique a diferença entre um cristal metálico e um cristal iônico, e o motivo que faz com que os metais sejam bons condutores térmicos elétricos.

Solução

O cristal iônico possui, ao longo da extensão de sua rede cristalina, cátions e ânions agrupados pela atração coulômbica causada pela diferença das cargas dos íons. Por esse motivo, os sólidos iônicos são mais duros e não oferecem possiblidade de serem trabalhados. Já os cristais metálicos são formados pela aglomeração dos cátions dos átomos metálicos envolvidos em uma nuvem de elétrons livres pertencentes a todo o cristal.

Como mencionado, o cristal metálico pode ser entendido como um arranjado de cátions imerso numa nuvem de elétrons, e como a corrente elétrica por definição envolve o movimento ordenado de elétrons, uma vez que elétrons são adicionados em uma extremidade do arranjo reticular do metal em questão, logo os demais elétrons fluirão ordenadamente até a outra extremidade onde haverá a saída destes. No que diz respeito à condutividade térmica, quando calor (energia) é adicionado ao metal, logo ocorre uma intensificação da energia cinética, provocando uma espécie de "reação em cadeia", e a agitação induzida íon a íon promoverá a rápida transferência de calor.

Estruturas de Lewis das ligações iônicas

A configuração de Lewis colabora na elucidação do caminho traçado pelos elétrons no estabelecimento das ligações e, conforme mostrado na figura 3.5, haverá uma migração explícita de elétrons de átomos de eletronegatividade mais baixa para átomos de eletronegatividade maiores. A representação esquemática da ligação iônica pode ser representada por uma seta tracejada partindo do átomo doador para o átomo receptor. Na figura 3.6 a seguir encontram-se alguns exemplos de estruturas de Lewis para compostos iônicos.

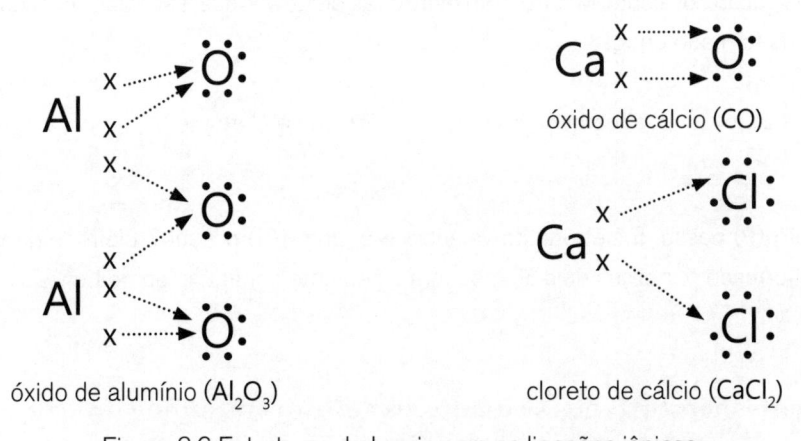

óxido de alumínio (Al_2O_3)

óxido de cálcio (CO)

cloreto de cálcio ($CaCl_2$)

Figura 3.6 Estruturas de Lewis para as ligações iônicas

3.3 Ligações covalentes

A seção 3.2 deixou claro que quando um átomo possui energia de ionização baixa e outro apresenta eletronegatividade elevada, um ou mais elétrons podem ser transferidos do primeiro para o segundo e então formar a ligação iônica. No entanto, há na natureza compostos formados por elementos com valores de energia de ionização e eletronegatividade muito próximos; sendo assim, ambos possuirão a mesma tendência de ganhar ou perder elétrons. Nesse caso, a transferência total de elétrons não acontece e eles ficam *compartilhados* entre os átomos.

Considerando ainda que as substâncias iônicas possuem um conjunto próprio de características, tais como elevados pontos de fusão e ebulição, e são constituídas de arranjos denominados retículos cristalinos que são sólidos quebradiços à temperatura ambiente, nos deparamos com uma grande quantidade de substâncias químicas com características distintas, como os líquidos, os gases e alguns sólidos com pontos de fusão relativamente baixos, como por exemplo determinados polímeros, a parafina e demais sólidos flexíveis. Para tais substâncias, será necessário um novo modelo de Lewis apontando as diferenças para as ligações dos átomos. Para tanto, a tendência ao compartilhamento mencionado no par receberá o nome de *ligação covalente*.

EXERCÍCIO RESOLVIDO

7) Há uma grande classe de substâncias que não se comportam como substâncias iônicas, para essas, G. N. Lewis publicou, em 1916, o primeiro artigo propondo que, para ter a configuração de gás nobre, os átomos podem ligar-se compartilhando elétrons. Esse tipo de ligação recebeu o nome de ligação covalente. Mostre, com estruturas de Lewis, qual seria a fórmula do composto mais simples formado entre:

a) fósforo e cloro   b) carbono e flúor   c) iodo e cloro

Solução

a) O fósforo (P) possui 5 elétrons de valência e o cloro (Cl) possui 7 elétrons de valência. O composto formado por esses dois átomos terá a seguinte configuração de Lewis:

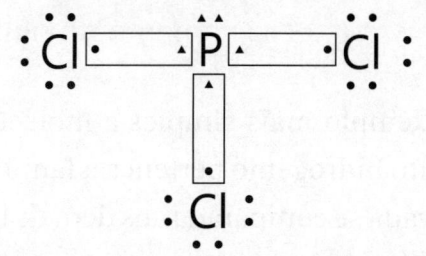

$$:\overset{..}{\underset{..}{Cl}}\!-\!\overset{..}{P}\!-\!\overset{..}{\underset{..}{Cl}}:$$

$$:\underset{..}{Cl}:$$

b) O carbono (C) possui 4 elétrons de valência e o flúor (F) possui 7 elétrons de valência. O composto covalente formado por esses dois átomos possui a seguinte configuração de Lewis:

$$:\overset{..}{\underset{..}{F}}:$$
$$:\overset{..}{\underset{..}{F}}\!-\!C\!-\!\overset{..}{\underset{..}{F}}:$$
$$:\overset{..}{\underset{..}{F}}:$$

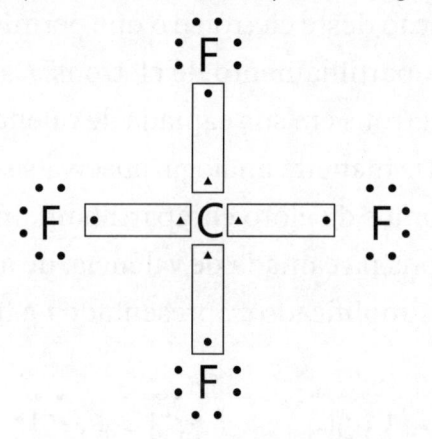

c) Tanto o cloro (Cl) quanto o iodo (I) possuem 7 elétrons de valência. O composto possui a seguinte configuração de Lewis:

$$:\overset{..}{\underset{..}{Cl}}\!-\!\overset{..}{\underset{..}{I}}:$$

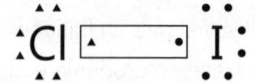

OBSERVAÇÃO

No compartilhamento, os elétrons pertencem a ambos os átomos. Assim, no caso do composto formado por cloro e iodo por exemplo, para ambos era preciso apenas mais um elétron para completar seu octeto, sendo necessária apenas uma ligação covalente para atender a ambos. Desta forma, com base no conhecimento da quantidade de elétrons de valência, é possível afirmar o número máximo de ligações covalentes comuns que cada elemento poderá fazer. Caso "sobrem" pares de elétrons desemparelhados (não participantes de ligações), eles podem formar uma ligação covalente especial chamada coordenada ou dativa, como é o caso do H_2SO_4.

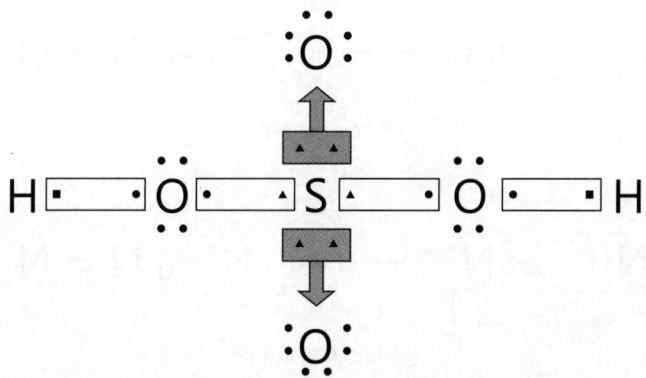

$$:\overset{..}{\underset{..}{O}}:$$
$$\uparrow$$
$$H\!-\!\overset{..}{\underset{..}{O}}\!-\!S\!-\!\overset{..}{\underset{..}{O}}\!-\!H$$
$$\downarrow$$
$$:\overset{..}{\underset{..}{O}}:$$

Uma vez formada, a ligação covalente coordenada não difere de uma ligação covalente comum.

Eletronegatividade e o compartilhamento de elétrons

Vamos tomar como exemplo mais simples a molécula do gás hidrogênio (H_2). Embora o elemento hidrogênio pertença à família 1, sua energia de ionização é bastante elevada se comparada aos demais integrantes da família, e isso se dá pelo fato de o hidrogênio possuir apenas uma camada e nela constar apenas um único elétron. Isso faz com que o hidrogênio não apresente tendência à doação deste elétron e o que permitirá a formação do gás hidrogênio será o compartilhamento de elétrons. Cada átomo de hidrogênio, agora com dois elétrons em sua camada de valência, torna-se estável tal qual o gás hélio (He). De maneira análoga, observa-se a formação do gás cloro (Cl_2), na qual os átomos de cloro compartilham um elétron e ficam com um total de oito elétrons na camada de valência, de acordo com a Regra do Octeto. Um esquema simplificado é apresentado na figura 3.7:

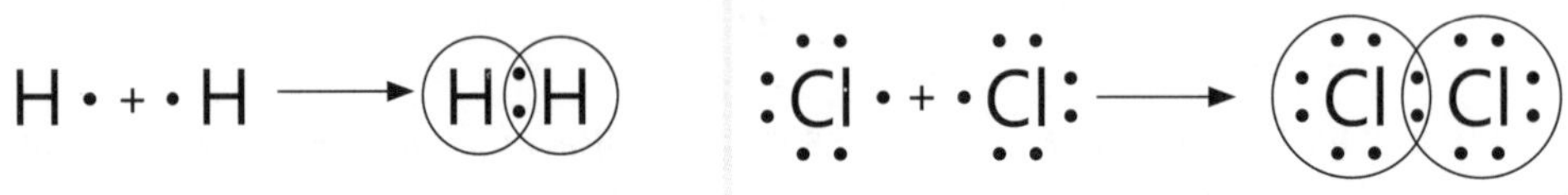

(a) gás hidrogênio (b) gás cloro

Figura 3.7 Estruturas de Lewis para as ligações covalentes na formação dos gases hidrogênio e cloro

Uma outra forma de representar as estruturas de Lewis para compostos covalentes é apresentada na figura 3.8, seguida da fórmula molecular e fórmula estrutural.

(a) ácido clorídrico

(b) gás oxigênio

(c) gás nitrogênio

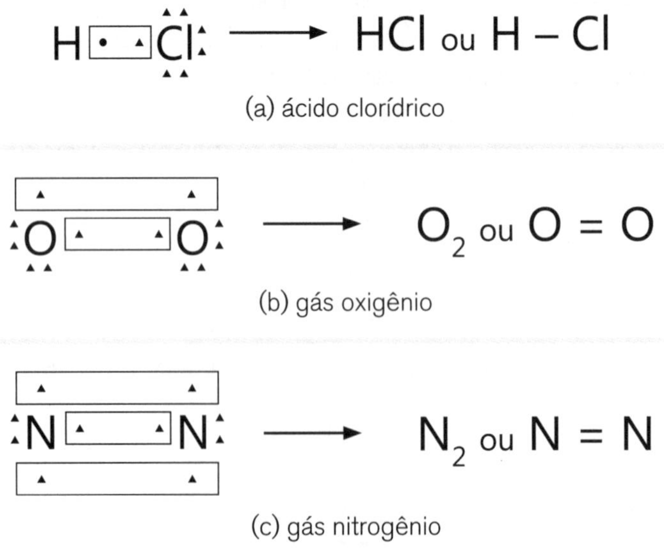

Figura 3.8 Representações de compostos covalentes na estrutura de Lewis, fórmula molecular e fórmula estrutural dos compostos

Cada ligação representa o compartilhamento de um par de elétrons, como é o caso do ácido clorídrico. Essa união simples é conhecida como *ligação simples*. Para os gases oxigênio e nitrogênio respectivamente, dois e três pares de elétrons são compartilhados; na sua fórmula estrutural são representados por dois e três traços, e a ligação covalente é então classificada como *dupla* ou *tripla*.

Para melhor compreensão da atração quântica, um esquema representado na figura 3.9 para o gás cloro mostra que a necessidade de completar o octeto leva ao compartilhamento de um par de elétrons, sendo cada elétron de um átomo diferente. Quando o compartilhamento acontece, uma atração agora quântica aproxima os átomos de cloro, estabelecendo assim a ligação covalente.

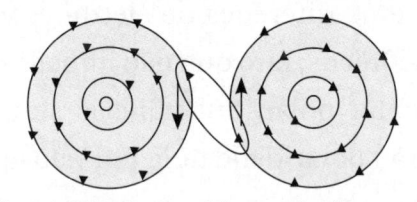

Figura 3.9a Compartilhamento de um par de elétrons da camada de valência de cada átomo de cloro

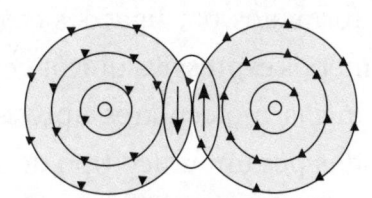

Figura 3.9b Atração quântica promovida pelo compartilhamento de elétrons

Cargas parciais em ligações covalentes

Ainda que não haja expressiva diferença de eletronegatividade entre os átomos participantes das ligações covalentes, salvo moléculas que possuem hidrogênios ionizáveis, em compostos moleculares (formados por ligações covalentes) o átomo que detiver a eletronegatividade mais acentuada tenderá a aproximar de seu núcleo o par compartilhado. Ainda que o(s) par(es) compartilhado(s) esteja(m) numa mesma nuvem e pertença(m) a ambos os átomos ligantes, a nuvem eletrônica tenderá a deslocar-se no sentido de aproximar-se do núcleo mais eletronegativo. Um bom exemplo é a molécula de ácido clorídrico:

$$\overset{\delta+}{H} \overset{\delta-}{Cl}$$

Figura 3.10 Cargas parciais na molécula de ácido clorídrico

Na molécula da água, como em outras substâncias, as cargas parciais definirão sua geometria espacial. A geometria molecular será discutida mais à frente em *Geometria molecular e polaridade das moléculas* (p. 96).

3.4 Polaridade de ligação

A partir da discussão acerca da formação de íons e consequente atração eletrostática para formação da ligação iônica na seção 3.2 e da formação de cargas parciais nas ligações covalentes mencionada na seção 3.3, evidencia-se a necessidade de verificar a influência da formação de polos eletrostáticos nas ligações químicas.

Baseando-se na eletronegatividade dos átomos, é possível determinar o caráter polar da ligação; tanto maior for a diferença, maior será o caráter polar da ligação. As ligações iônicas sempre formarão compostos polares por sua própria definição e apresentarão, entre os átomos ligantes, uma diferença de eletronegatividade bastante expressiva. Já os compostos moleculares, formados por ligações covalentes, terão diferença de eletronegatividade menos expressiva que os compostos iônicos, fato que não impede que substâncias moleculares apresentem caráter polar. Substâncias simples formadas por um único tipo de átomo terão polaridade nula por não apresentarem diferenças de eletronegatividade.

Na tabela 3.2 a seguir encontram-se exemplos de compostos e suas diferenças de eletronegatividade e respectiva influência na definição da polaridade da ligação.

TABELA 3.2 DIFERENÇA DE ELETRONEGATIVIDADE E CARÁTER POLAR DA LIGAÇÃO			
COMPOSTO	F_2	HF	LiF
Diferença de eletronegatividade	4,0 − 4,0 = 0	4,0 − 2,1 = 1,9	4,0 − 1,0 = 3,0
Tipo de ligação	covalente apolar	covalente polar	iônica

A nuvem eletrônica formada pela ligação no F_2 distribui os elétrons igualmente entre os átomos de flúor de maneira que não há deslocamento desigual dos elétrons nem formação de polos. Já no HF, o átomo de flúor, que possui maior eletronegatividade que o hidrogênio, aproxima o par de elétrons compartilhado provocando uma deformação na nuvem eletrônica. A deformação é seguida de uma concentração dos elétrons em volta do flúor, conferindo-lhe carga parcial negativa (δ^-, lê-se delta menos), e ao hidrogênio carga parcial positiva (δ^+, lê-se delta mais). No LiF, o lítio (Li) possui eletronegatividade tão menor que o flúor que acaba causando a transferência completa do elétron para o flúor, configurando, assim, a ligação iônica.

O conhecimento da polaridade da ligação será relevante para a compreensão de conceitos amplos para moléculas, tais como solubilidade, que afirma que semelhante dissolve semelhante; substâncias polares solubilizam apenas substâncias polares. Além disso, é com base na polaridade das ligações que será definida a geometria molecular (ver *Geometria molecular e polaridade das moléculas*, p. 96).

EXERCÍCIO RESOLVIDO

8) A polaridade das ligações é resultante da diferença de eletronegatividade dos átomos, que indica, de certa forma, onde se acumulam os elétrons de uma molécula. Considerando que a diferença de eletronegatividade sugere a formação de cargas parciais, analise as seguintes substâncias e classifique a molécula em polar e apolar: acetileno (C_2H_2), álcool etílico (C_2H_5OH), etano (C_2H_6), tetracloreto de carbono (CCl_4), metano (CH_4) e cloreto de metila (CH_3Cl).

Solução

acetileno

Uma vez que o carbono é mais eletronegativo que o hidrogênio, manterá mais próximo ao seu núcleo os elétrons compartilhados na ligação, deixando a molécula com suas extremidades "positivas". Dessa forma, o acetileno é uma molécula *apolar*.

álcool etílico

O oxigênio, mais eletronegativo que o carbono e o hidrogênio, "puxa" o par de elétrons compartilhados de maneira a deixar a molécula com dois polos, um positivo e um negativo; portanto o álcool etílico é uma molécula *polar*.

etano

Como as extremidades da molécula são exatamente iguais, pode-se afirmar que a molécula é *apolar*.

tetracloreto de carbono

Como as setas indicam o sentido preferencial dos elétrons, todas as extremidades da molécula são negativas, configurando uma molécula *apolar*.

metano

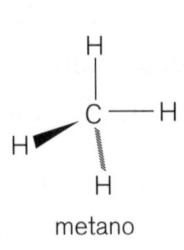

Formando uma geometria tetraédrica, o metano terá todas as suas extremidades formadas pelo mesmo ligante (o hidrogênio), o que configura uma molécula *apolar*.

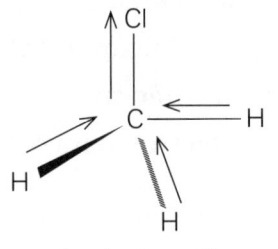

cloreto de metila

Considerando a indicação das setas, a molécula possui uma extremidade "positiva" (região dos hidrogênios) e outra "negativa" (região do cloro), portanto essa é uma molécula *polar*.

Pontes de Van der Waals

As interações intermoleculares que ocorrem em moléculas polares e apolares podem ser de três tipos: dipolo-dipolo, ponte de hidrogênio e força de Van der Waals.

O tipo de interação dipolo-dipolo ocorre apenas em moléculas polares, como, por exemplo, no caso do HF (ácido fluorídrico) que não há distribuição uniforme na nuvem eletrônica, os elétrons ficarão concentrados em volta do flúor, evidenciando o dipolo elétrico. As interações entre as moléculas do HF podem ser representadas pela figura 3.11.

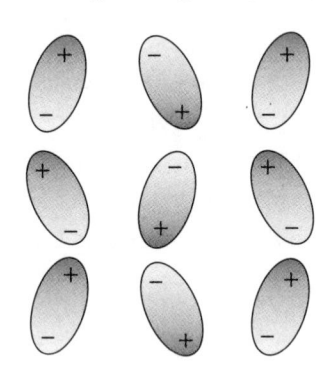

Figura 3.11 Interação dipolo-dipolo

O hidrogênio, por sua particularidade de possuir apenas uma camada com um único elétron, apesar de estar envolvido apenas com ligações covalentes, muitas vezes se comporta como um dipolo permanente quando ligado a átomos muito eletronegativos, em especial o N (nitrogênio), F (flúor) ou O (oxigênio). As ligações de hidrogênio podem explicar alguns fenômenos na água, como, por exemplo, o fato de o gelo ser menos denso que a água no estado líquido, considerando que as ligações de hidrogênio são direcionadas e tendem a organizar-se enquanto a água solidifica num arranjo mais espaçado. A ionização dos ácidos representada na figura 3.12 mostra que, mesmo as ligações de hidrogênios sendo mais fracas que as ligações covalentes, é possível para a água formar o íon hidrônio extraindo o hidrogênio do ácido.

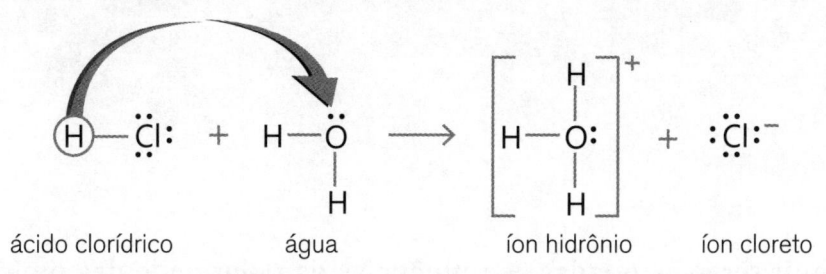

$$H-\ddot{\underset{..}{Cl}}: + H-\underset{H}{\overset{..}{\underset{..}{O}}} \longrightarrow \left[H-\underset{H}{\overset{H}{\underset{|}{O}}}:\right]^{+} + :\ddot{\underset{..}{Cl}}:^{-}$$

ácido clorídrico   água   íon hidrônio   íon cloreto

Figura 3.12 Ionização do HCl (ácido clorídrico) e formação do íon hidrônio por ação das ligações de hidrogênio presentes na água

O dipolo induzido é observado também entre moléculas de substâncias distintas, quando, por exemplo, uma substância polar é colocada próxima a uma outra apolar. Ocorre que o dipolo permanente da molécula polar induzirá um dipolo na outra molécula pela força de repulsão dos elétrons na nuvem eletrônica.

EXERCÍCIO RESOLVIDO

9) Explique por que a água é considerada solvente universal.

Solução

De acordo com a geometria molecular da água, a molécula é polar devido à formação das cargas parciais, veja:

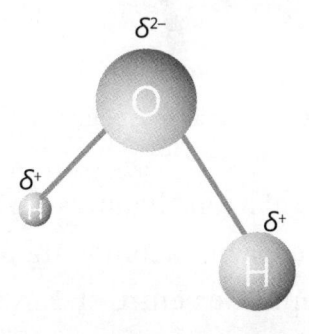

Por causa dessa formação de cargas parciais, haverá atração intermolecular entre os hidrogênios parcialmente positivos e os oxigênios da molécula de água adjacente, parcialmente negativos, formando as pontes de hidrogênio e fazendo da água uma molécula com grande poder de interação. O fenômeno chamado solvatação pode ser descrito como o enfraquecimento das interações eletrostáticas dos compostos iônicos, provocado pelas pontes de hidrogênio que competem com o composto iônico por suas atrações. (Veja as imagens na página seguinte.)

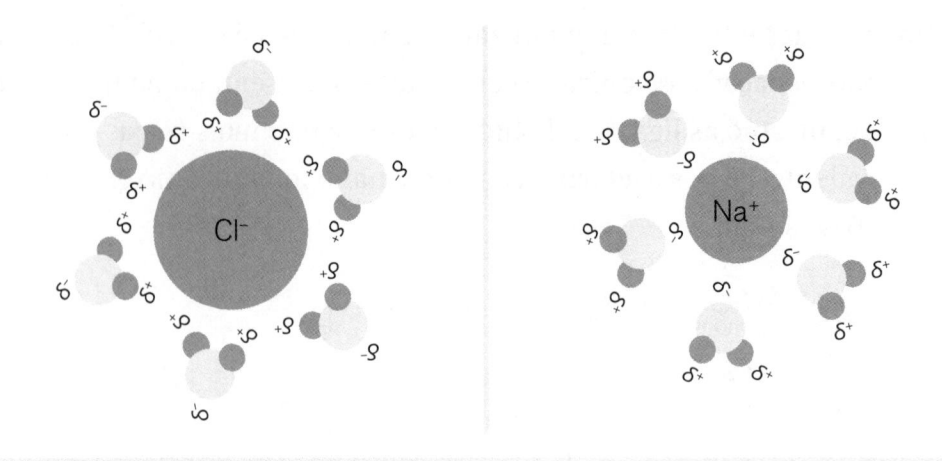

A seguir serão estudadas as influências da polaridade das moléculas e seu consequente arranjo espacial.

Geometria molecular e polaridade das moléculas

A geometria de uma molécula pode ser definida baseada no *modelo de repulsão do par de elétrons no nível de valência*, RPENV. Os pares de elétrons ligantes ou não ligantes ocuparão uma região definida no espaço, influenciados pela repulsão entre as nuvens. Por exemplo, na estrutura de Lewis para a amônia, a nuvem formada pelo par de elétrons não ligantes provocará repulsão das ligações N-H, obrigando-as a ficarem projetadas para fora do plano, conforme a figura 3.13 a seguir.

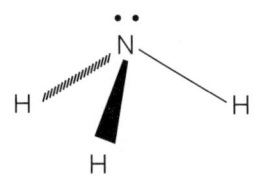

Figura 3.13 Geometria espacial e estrutura de Lewis para a amônia

Uma vez que os pares de elétrons ligantes e não ligantes são carregados negativamente, o arranjo espacial acomodará a melhor conformação no intuito de minimizar as repulsões entre eles. A molécula da amônia NH3 possui um par de elétrons não ligantes pertencentes ao nitrogênio que provocará uma repulsão às nuvens formadas pelas ligações com os hidrogênios. O modelo RPENV determinará o arranjo mais provável, baseando a geometria para a amônia num formato piramidal de acordo com o modelo a seguir:

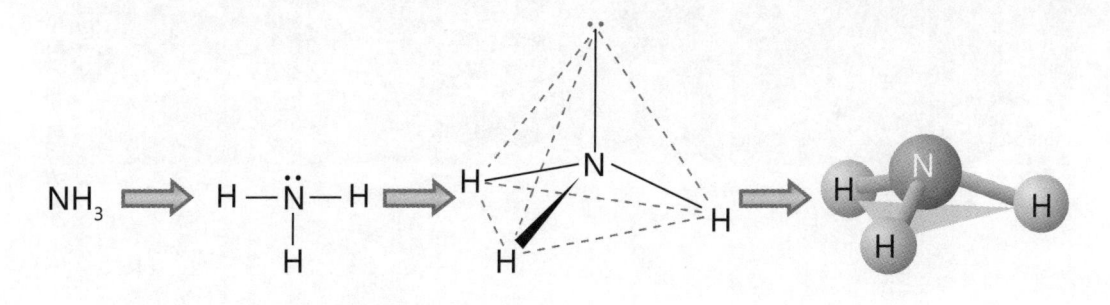

Figura 3.14 Organização espacial da amônia

A presença de pares de elétrons não ligantes poderá definir a geometria assumida pela molécula como mostrado na tabela 3.3.

TABELA 3.3 ARRANJOS E FORMAS ESPACIAIS PARA MOLÉCULAS COM DOIS, TRÊS E QUATRO PARES DE ELÉTRONS AO REDOR DO ÁTOMO CENTRAL

NÚMERO DE PARES DE ELÉTRONS	ARRANJO	PARES LIGANTES	PARES NÃO LIGANTES	GEOMETRIA MOLECULAR	EXEMPLOS
2	linear	2	0	B—A—B	$\ddot{O}=C=\ddot{O}$
3	trigonal plano	3	0	trigonal plana	BF_3 (estrutura de Lewis)
3	trigonal plano	2	1	angular	$[NO_2]^-$ (estrutura de Lewis)

CAPÍTULO 3 ■ 97

NÚMERO DE PARES DE ELÉTRONS	ARRANJO	PARES LIGANTES	PARES NÃO LIGANTES	GEOMETRIA MOLECULAR	EXEMPLOS
4	tetraédrico	4	0	tetraédrica	
		3	1	piramidal trigonal	
		2	2	angular	

A organização espacial do arranjo molecular colabora na determinação do momento do dipolo, polaridade, da molécula em conjunto com as polaridades das ligações individuais. Observando a molécula do CO_2 (gás carbônico), pode-se considerar um momento dipolar nulo, uma vez que a ligação C=O possui a mesma magnitude. Uma vez que os dipolos de ligação são grandezas vetoriais que possuem módulos, direção e sentido, o dipolo total de uma molécula será a soma de seus dipolos de ligação. Assim, o CO_2 pode ser bem representado da seguinte maneira:

dipolos de ligação (a) — Molécula de CO₂

dipolos de ligação (b) — Molécula de H₂O

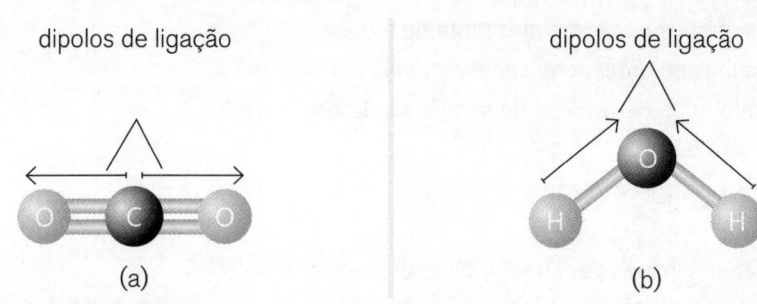

Figura 3.15 (a) Molécula de CO_2 com momento de dipolo total nulo (b) Molécula de H_2O com momento dipolar diferente de zero; embora as ligações O–H possuam a mesma magnitude, o fato de haver dois pares de elétrons não ligantes altera a geometria da molécula alterando também o momento do dipolo

Para definir a polaridade de uma molécula é importante saber a respeito da eletronegatividade dos átomos envolvidos nas ligações e então determinar a polaridade da ligação associada à geometria molecular (arranjo espacial da molécula).

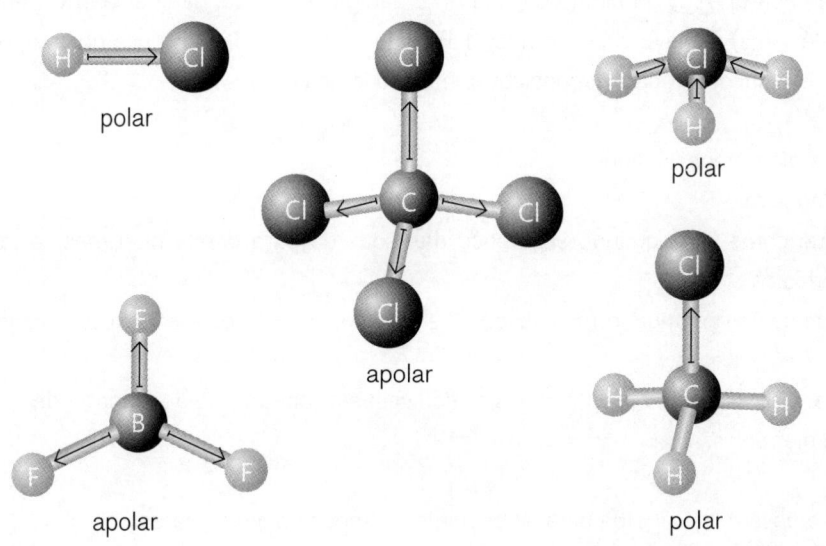

Figura 3.16 Exemplos de moléculas com ligações polares. Duas dessas moléculas têm momento de dipolo igual a zero porque seus dipolos de ligação se cancelam

EXERCÍCIOS DE FIXAÇÃO

1) Dê as fórmulas químicas dos compostos iônicos que se formam com os seguintes pares de elementos:
a) Al e F   b) Na e O   c) Li e N   d) Ca e Cl

2) Por que os raios dos íons isoeletrônicos diminuem com o aumento da carga do núcleo?

3) Analisando **Na, Mg** e **Al** e seus respectivos íons, resolva:

a) Disponha os átomos na ordem crescente de tamanho.
b) Disponha os íons na ordem crescente de tamanho.
c) Explique a diferença nas ordens de sequência dos itens a e b.

4) Com relação à energia de rede:
a) Dê a definição.
b) Cite quais fatores influenciam o valor da energia de rede.

5) Explique as seguintes relações entre as energias das redes nos seguintes pares de compostos:
a) CaO > CaS   b) LiF > CsBr   c) MgO > KF

6) Para remover dois elétrons do **Mg** (magnésio) é necessário fornecer energia (de ionização) suficiente para que se forme o **Mg^{2+}**; da mesma forma é necessário acrescentar energia ao **O** (oxigênio) para que ele receba dois elétrons e forme o O^{2-}. Explique o motivo que leva o **MgO** a ser mais estável em relação aos seus elementos livres.

7) Na ligação covalente é estabelecido um compartilhamento de pares de elétrons a fim de atender ao octeto de cada elemento, diferente da ligação iônica, na qual ocorre transferência total de elétron(s) de valência envolvido(s). Explique o porquê da diferença no comportamento dos átomos a fim de formar ligações covalentes ou iônicas.

8) Sobre a eletronegatividade:
a) Dê o conceito.
b) Explique como varia quando se avança da esquerda para direita num mesmo período da tabela periódica.
c) Explique como varia num grupo, desde os elementos mais leves até os mais pesados.

9) Compare as seguintes propriedades periódicas: eletronegatividade, energia de ionização e afinidade eletrônica.

10) Diga a possível geometria para os seguintes compostos moleculares:
a) SO   b) SO_2 c) SO_3 d) NH_3 e) H_2S

Para pesquisar:
a) Qual a exceção mais comum à Regra do Octeto?
b) Por que a Regra do Octeto não se cumpre em muitos compostos dos elementos do terceiro período e de períodos seguintes da tabela periódica?
c) Quais são as geometrias das moléculas que fogem da Regra do Octeto?

REFERÊNCIAS BIBLIOGRÁFICAS

MAIA, D. J., BIANCHI; J. C. de A.. *Química geral – fundamentos*. São Paulo: Pearson Prentice Hall, 2007, p. 103.

RUSSEL, John B. *Química geral*. Trad. e rev. técnica Márcia Guekezian et al. v. 1, 2 ed. São Paulo: Makron Books, 1994, p. 355.

SANTOS, C. M. A., SILVA, R. A. G., WARTHA, E. J. O conceito de eletronegatividade na educação básica e no ensino superior. *Revista Química Nova*, v. 34, nº 10 (1846-1851), 2011.

TUBINO, M.; SIMONI, J. A. Determinação experimental dos raios cristalográficos dos íons de sódio e cloreto. *Revista Química Nova*, v. 30, nº ? (1763-1767), 2007.

IMAGENS DO CAPÍTULO

Ligações de hidrogênio © Gooddenka | Dreamstime.com – molécula da água (foto).
Desenhos, gráficos e tabelas cedidos pelo autor do capítulo.

GABARITO

1) a) AlF_3
   b) Na_2O
   c) Li_3N
   d) $CaCl_2$

2) Apesar do número de elétrons de íons isoeletrônicos ser o mesmo, a repulsão e os efeitos de blindagem são usualmente semelhantes, então à medida que Z aumenta, os elétrons são atraídos mais fortemente para o núcleo, fazendo com que a partícula fique menor. Em outras palavras, tanto maior for o efeito de blindagem, menor será o raio iônico.

3) a) Na < Mg < Al
   b) Al^{3+} < Mg^{2+} < Na^+
   c) A diferença nos raios iônicos é devida ao efeito de blindagem. O alumínio, por exemplo, tem Z = 13 (prótons), considerando que há três elétrons de valência, o núcleo está blindado por 10 elétrons intermediários, fazendo com que os três prótons restantes promovam a atração dos elétrons para próximo do núcleo, fazendo o raio iônico diminuir muito em relação ao raio atômico. No caso do sódio, Z = 11 (prótons), sendo blindados também por 10 elétrons. Apenas um próton promoverá a atração que, em magnitude, será menor se comparada ao alumínio. O raio iônico do sódio diminui em relação ao seu raio atômico; no entanto, comparado ao alumínio, o raio iônico do sódio é maior.

4) a) Energia de rede é a energia necessária para separar um mol do composto iônico em seus íons gasosos.

b) O valor da energia de rede depende da grandeza das cargas dos dois íons (assim, tanto maior for a carga dos íons, maior será o valor da energia de rede) e dos respectivos raios iônicos (neste caso, quanto menos blindado estiver o núcleo, maior a interação com os demais elétrons e maior a energia de rede) e da disposição dos íons na rede.

5) a) O íon O^{2-} é menor que o S^{2-} e, sob estas circunstâncias, a menor distância entre os núcleos dos átomos leva a uma atração eletrostática maior.

b) Apesar de ambos os compostos possuírem íons com igual carga +1 e –1, os átomos do LiF são bem menores que os átomos do CsBr, o que também acarreta um aumento da atração eletrostática.

c) Uma vez que a magnitude da energia de rede depende da grandeza das cargas dos íons e no MgO as cargas são o dobro comparadas ao KF, a energia de rede será maior no MgO.

6) Devido à atração coulômbica dos íons Mg^{2+} e O^{2-}, a grande energia de atração mais do que compensa a energia requerida para formar os íons a partir dos seus átomos neutros.

7) Tomando como exemplo as substâncias NaCl e Cl_2, é possível esclarecer a diferença. No NaCl a ligação iônica provém da atração eletrostática intensa entre os íons de cargas opostas Na^+ e Cl^-; já no Cl_2, como cada átomo de cloro requer apenas mais um elétron, o que ocorre é um compartilhamento em que cada átomo de cloro "colabora" com um elétron e ao mesmo tempo conta com o elétron do átomo vizinho.

8) a) A eletronegatividade é uma propriedade periódica associada à capacidade de cada átomo de atrair os elétrons para perto do seu núcleo.

b) Num mesmo período da esquerda para a direita, diminui o efeito de blindagem e, consequentemente, aumenta a carga do núcleo promovendo maior atração e aumentando a eletronegatividade.

c) Quanto mais próximo do núcleo estiverem os elétrons, maior será o efeito de atração que ele poderá exercer nos elétrons. De certa forma, átomos maiores concentram seus elétrons de valência muito distantes do núcleo, o que diminui a capacidade de mantê-los próximo ao núcleo; assim sendo, num mesmo grupo a eletronegatividade aumenta com a diminuição do átomo.

9) Todas as propriedades podem ser relacionadas com o efeito de blindagem e tamanho da nuvem eletrônica. Quanto mais blindado, menor o efeito do núcleo sobre as adjacências, fazendo a afinidade eletrônica diminuir junto com a energia de ionização (não sendo necessário investir um grande valor de energia de rede), e já que a afinidade eletrônica diminui, a eletronegatividade também diminui.

O contrário pode ser observado quando o efeito de blindagem diminui. Agora o núcleo exerce mais atração nos demais elétrons, fazendo com que sua afinidade eletrônica e eletronegatividade aumentem tem e a energia de ionização também.

10) a) linear.
b) angular.
c) trigonal.
d) piramidal.
e) angular.

4 Fundamentos das reações químicas

CLÁUDIA MARIA CAMPINHA DOS SANTOS

4 Fundamentos das reações químicas

PERSONALIDADES

Johann van Helmont

Johann van Helmont (1580-1644) foi médico, fisiologista, químico e bioquímico belga. Foi um pesquisador de alto mérito e publicou trabalhos importantes sobre gases, notavelmente o gás carbônico, sobre o hidrogênio no sistema humano e o suco gástrico, sobre a teoria da expansão de gases, sobre o ácido sulfúrico, o ácido de nítrico e o óxido de nitrogênio.

Priestley

Joseph Priestley (1733-1804) inglês, foi um clérigo, químico, gramático e professor de línguas, um dos precursores da química moderna e famoso por ter sido um dos descobridores do oxigênio. Descobriu vários outros gases, entre eles o nitrogênio, o monóxido de dinitrogênio (gás hilariante empregado como anestésico), o amoníaco, o gás clorídrico, o gás carbônico, o anidrido sulfuroso, e inventou a soda (água gaseificada).

4.1 Funções inorgânicas: ácidos, bases, sais e óxidos

O ácido sulfúrico (H_2SO_4) foi o primeiro ácido a ser preparado em laboratório por **Johann van Helmont**, aproximadamente no ano de 1600, a partir da destilação de sulfato de ferro II e pela queima do enxofre. Quando aquecidos, os sulfatos de ferro se decompõe liberando água e trióxido de enxofre. A água e o trióxido de enxofre reagem produzindo o ácido sulfúrico, segundo a equação química:

$$SO_{3(g)} + H_2O_{(l)} \rightarrow H_2SO_{4(l)}$$

Outro ácido muito importante é o ácido clorídrico, um gás que foi obtido na forma pura pela primeira vez por **Priestley** em 1772, de acordo com a reação:

$$Cl_{2(g)} + H_{2(g)} \rightarrow 2\ HCl_{(g)}$$

Os ácidos e as bases estão entre as substâncias químicas mais comuns e importantes. Algumas substâncias apresentam ácidos na sua estrutura: o vinagre (ácido acético), o limão (ácido cítrico) e ainda a vitamina C (ácido ascórbico). Dentre as bases, temos a amônia, de uso doméstico, e o hidróxido de magnésio, usado para diminuir a acidez do estômago.

Os conceitos de ácido e base são fundamentais para o estudo da química. Segundo a definição do físico-químico Svante August Arrhenius, ácidos são compostos que, em solução, liberam íons hidrogênio H^+, enquanto as bases produzem íons hidróxido OH^-. Essas duas categorias de soluções aquosas são especialmente importantes e facilmente encontradas no nosso dia a dia e na indústria química.

Arrhenius tornou-se conhecido por sua Teoria da Dissociação Eletrolítica, pela qual procurava explicar a condutibilidade elétrica de soluções. Estabeleceu que qualquer substância que em água originar, como partícula positiva, exclusivamente o íon H^+ será denominada ácido. Este hidrogênio não fica livre, ele fica com a molécula de água (H_2O) formando como partícula positiva íons oxônio[1] H_3O^+.

- Ácido nítrico $HNO_3 \rightarrow H^+ + NO_3^-$
- Ácido cianídrico $HCN \rightarrow H^+ + CN^-$
- Ácido sulfídrico $H_2S \rightarrow H^+ + HS^-$
- Ácido sulfúrico $H_2SO_4 \rightarrow H^+ + HSO_4^-$
- Ácido carbônico $H_2CO_3 \rightarrow H^+ + HCO_3^-$

A definição de ácido segundo Arrhenius tem limitações, pois espécies apróticas (sem hidrogênio em sua fórmula), como o tetracloreto de titânio ($TiCl_4$) e o pentacloreto de nióbio ($NbCl_5$), também se comportam como ácidos, pois geram íons H^+ em água.

Dando continuidade às suas pesquisas, Arrhenius observou, em um experimento de soda cáustica (NaOH) com água, que a água conseguia separar as partículas Na^+ e OH^-. Isso ocorria porque a molécula da água constitui um dipolo elétrico e, desta maneira, quando o sólido Na^+OH^- entra em contato com a água, as partículas de Na^+ atraem as moléculas da água pelo lado do oxigênio, e as partículas OH^- atraem as moléculas da água pelo lado dos hidrogênios. As partículas Na^+ e OH^- rodeadas por moléculas de água vão sendo arrancadas. Arrhenius então estabeleceu como base qualquer substância que em água liberar, como partícula negativa, exclusivamente OH^-. As bases também podem ser chamadas de hidróxidos.

PERSONALIDADE

Arrhenius

Svante August Arrhenius (1859-1927) foi um importante físico, químico e matemático sueco. Ficou famoso por sua *Teoria da Dissociação Iônica ou Eletrolítica*, tema da sua tese de doutorado, defendida em 1884 e que lhe rendeu, em 1903, o Prêmio Nobel de Química. Desenvolveu outros trabalhos na área de físico-química, como a velocidade das reações químicas, e alguns trabalhos sobre imunização e astronomia.

NOTA

[1] *Nomenclatura básica de química inorgânica*: adaptação simplificada, atualizada e comentada das regras da IUPAC para a língua portuguesa (Brasil). TOMA, Henrique E.; *et al.* São Paulo: Blucher, 2014.

São exemplos de bases de Arrhenius:

- Hidróxido de potássio $KOH \rightarrow K^+ + OH^-$
- Hidróxido de lítio $LiOH \rightarrow Li^+ + OH^-$
- Hidróxido de cálcio $Ca(OH)_2 \rightarrow Ca^{2+} + 2\,OH^-$

Da mesma forma que em outros solutos, os ácidos e as bases podem ser eletrólitos fortes ou fracos. Uma consequência da teoria de Arrhenius é que podemos considerar que nem todos os ácidos e bases são igualmente fortes, ou seja, nem todos se ionizam ou se dissociam em água completamente, como ocorre com o ácido perclórico ($HClO_4$) e o ácido nítrico (HNO_3), que são completamente ionizados, em água em H^+ e ClO_4^- e em H^+ e NO_3^-, respectivamente, sendo chamados de ácidos fortes. Já o ácido acético ($HC_2H_3O_2$) e o ácido nitroso (HNO_2) são ionizados parcialmente em H^+ e $C_2H_3O_2^-$ e em H^+ e NO_2^-, denominados ácidos fracos. A dissociação de um ácido fraco é reversível e pode ser descrita pela constante de equilíbrio K_a.

$$HC_2H_3O_2 \rightleftharpoons H^+ + C_2H_3O_2^- \qquad K_a = \frac{[H^+][C_2H_3O_2^-]}{[HC_2H_3O_2]}$$

De maneira similar, o NAOH, uma base forte, é completamente ionizada em água em Na^+ e OH^-. Bases fracas, como o NH_4OH, cujas soluções aquosas se dissociam apenas parcialmente em OH^-, podem ser caracterizadas por uma constante de equilíbrio, comumente designada por K_b.

$$NH_4OH \rightleftharpoons NH_4^+ + OH^- \qquad K_a = \frac{[NH_4^+][OH^-]}{[NH_4OH]}$$

Os ácidos e as bases fortes dissociam-se completamente em água. Como exemplo podemos citar o ácido clorídrico (HCl) e o hidróxido de sódio (NaOH).

$$\text{Ácido forte: } HCl(g) + H_2O(l) \rightleftharpoons H_3O^+_{(aq)} + Cl^-_{(aq)}$$
$$\text{Base forte: } NaOH(s) + H_2O(l) \rightleftharpoons Na^+_{(aq)} + OH^-_{(aq)}$$

Os ácidos e as bases fracas sofrem somente ionização parcial, portanto a solução deles contém moléculas intactas e íons dissociados. Quando escrevemos as equações para os eletrólitos fracos, usamos seta dupla, que enfatiza que a reação não se completou da esquerda para a direita. Como exemplos de ácidos e bases fracos, podemos citar o ácido acético (CH_3COOH) e a amônia (NH_3).

$$\text{Ácido fraco: } CH_3COOH_{(aq)} + H_2O_{(l)} \rightleftarrows H_3O^+_{(aq)} + CH_3COO^-_{(aq)}$$
$$\text{Base fraca: } NH_{3(aq)} + H_2O_{(l)} \rightleftarrows NH^+_{4(aq)} + OH^-_{(aq)}$$

Na tabela 4.1, exemplos mais comuns de ácidos e bases fortes e fracos.

TABELA 4.1 ÁCIDOS E BASES FORTES E FRACOS

ÁCIDOS FORTES		BASES FORTES	
HCl	ácido clorídrico	LiOH	hidróxido de lítio
HNO_3	ácido nítrico	NaOH	hidróxido de sódio
H_2SO_4	ácido sulfúrico	KOH	hidróxido de potássio
$HClO_4$	ácido perclórico	$Ca(OH)_2$	hidróxido de cálcio
HBr	ácido bromídrico	$Ba(OH)_2$	hidróxido de bário
HI	ácido iodrídico	$Sr(OH)_2$	hidróxido de estrôncio
ÁCIDOS FRACOS		BASES FRACAS	
H_3PO_4	ácido fosfórico	NH_3	amônia
HF	ácido fluorídrico	CH_3NH_2	metilamina
CH_3COOH	ácido acético		
HCN	ácido cianídrico		

Uma solução não pode ser ao mesmo tempo ácida e básica. A mistura de um ácido com uma base leva a uma reação conhecida como neutralização. Íons oxônios H_3O^+ e íons hidróxido OH^- combinam-se rapidamente para formar água, como demonstrado na equação balanceada a seguir:

$$H_3O^+_{(aq)} + OH^-_{(aq)} \rightarrow 2\ H_2O_{(l)}$$

Como o critério estabelecido por Arrhenius foi o comportamento em solução aquosa, outros cientistas propuseram novas hipóteses. A proposta dos químicos Johannes Nicolaus Brönsted e Thomas Martin Lowry, é através da reação entre o amoníaco e o gás clorídrico:

CURIOSIDADE

Teoria de Brönsted-Lowry

Johannes Nicolaus Brönsted (1879-1947) foi um químico dinamarquês, descobridor das propriedades dos ácidos e bases. Conseguiu separar isótopos, em 1921, com o húngaro György Carl von Hevesy e, em 1923, apresentou seu mais importante trabalho na termodinâmica, a teoria protônica ácido-base. Simultaneamente, o químico inglês Thomas Martin Lowry (1874-1936) também desenvolveu a mesma teoria o que fez que, mais tarde, ela, levasse o nome dos dois cientistas – *Teoria de Brönsted-Lowry*.

$$NH_{3(g)} + HCl_{(g)} \rightarrow NH_4Cl_{(s)}$$

Essa reação produz uma névoa branca que corresponde a partículas sólidas do sal cloreto de amônio dispersas na fase gasosa que tendem a se depositar. Eles perceberam que essa reação ocorria por meio de uma transferência do próton do ácido clorídrico para a amônia, sem gerar íons H_3O^+ ou OH^-. Demonstrando que a definição de Arrhenius não se aplicava a esse caso e, estabeleceram que qualquer espécie química que em uma reação ceder prótons será denominada ácido e que qualquer espécie que receber prótons será denominada base. De modo que os dois compostos se comportem como ácidos de Brönsted-Lowry.

Na **_teoria de Brönsted-Lowry_**, os ácidos são doadores de prótons (H^+) e as bases são aceptores de prótons. Os conceitos de ácido e base, segundo Brönsted-Lowry, são relativos. Vejamos o comportamento da água nos dois exemplos a seguir.

EXEMPLOS

1) Na reação da amônia com a água:

$$NH_{3(g)} + H_2O_{(l)} \rightarrow NH_{4(aq)}^{+4} + OH_{(aq)}^-$$

A água doa um próton para a amônia, formando o íon amônio $NH_{4(aq)}^{4+}$ e o íon hidróxido $OH_{(aq)}^-$, agindo como um ácido.

2) Já na reação do ácido acético com a água:

$$CH_3COOH_{(aq)} + H_2O_{(l)} \rightarrow CH_3COO_{(aq)}^- + H_3O_{(aq)}^+$$

A água recebe um próton do ácido acético, formando o íon acetato $CH_3COO_{(aq)}^-$ e o íon hidrônio $H_3O_{(aq)}^+$, agindo como uma base.

Este comportamento da água é possível porque a água é uma substância anfótera, ou seja, pode agir como ácido e como base. Para que uma substância anfótera possa agir como ácido, ela deve ser posta em contato com uma base mais forte que a sua base, e, para agir como base, deve reagir com um ácido mais forte que seu ácido.

Na reação de ionização do ácido cianídrico (HCN) em solução aquosa, a água funciona como base ao aceitar um próton, sendo convertida no seu ácido conjugado, H_3O^+; enquanto o ácido cianídrico se converte em sua base conjugada, CN^-, segundo a reação

$$HCN_{(aq)} + H_2O_{(l)} \rightleftarrows H_3O^+_{(aq)} + CN^-_{(aq)}$$
Base conjugada H_3O^+ (íon oxônio)
Ácido conjugado CN^- (íon cianeto)

Essa definição mais geral de um ácido também inclui os ácidos e as bases de Arrhenius.

No conceito de Brönsted-Lowry, quanto mais forte um ácido, mais fraca será a sua base conjugada, e, quanto mais forte a base, mais fraco será o seu ácido conjugado.

$HCl \rightarrow$ ácido forte e $Cl^- \rightarrow$ base conjugada fraca
$H_2O \rightarrow$ base forte e $H_3O^- \rightarrow$ ácido conjugado fraco

EXERCÍCIO RESOLVIDO

1) Escreva a fórmula da base conjugada do ácido $N_2H_5^+$.

Solução
A base conjugada é derivada do ácido retirando-se um próton. A base conjugada é N_2H_4.

Vale a pena ressaltar que muitos compostos binários entre o hidrogênio e os ametais são ácidos. O HCl é um exemplo. A força dos ácidos binários, na tabela periódica, cresce da esquerda para a direita dentro do mesmo período e de cima para baixo dentro do mesmo grupo. O aumento da eletronegatividade leva a um aumento do caráter polar das ligações H–X. Dessa forma, por meio das propriedades periódicas, é possível prever a força dos ácidos. Vejamos o grupo 17 dos halogênios, a ordem de acidez relativa é HF < HCl < HBr < HI. O ácido mais forte é o ácido fluorídrico (HF) e o mais fraco é o ácido iodídrico (HI), é indicando que a ligação H–F é mais polar do que a ligação H–I.

EXERCÍCIO RESOLVIDO

2) Ordene os seguintes grupos de ácidos binários, do mais fraco para o mais forte: HCl, PH_3 e H_2S.

Solução
$PH_3 < H_2S < HCl$.

Os ácidos compostos por hidrogênio, oxigênio e um outro elemento são denominados oxiácidos. Os oxiácidos são originados a partir de um óxido ácido quando este é dissolvido em água.

Como, por exemplo, o trióxido de enxofre, SO_3, quando reage com a água, H_2O, formando o ácido sulfúrico, H_2SO_4.

$$SO_{3(g)} + H_2O_{(l)} \rightarrow H_2SO_{4(aq)}$$

E o dióxido de carbono, CO_2, quando reage com a água, formando o ácido carbônico, H_2CO_3.

$$CO_{2(g)} + H_2O_{(l)} \rightarrow H_2CO_{3(aq)}$$

Todos os oxiácidos apresentam o grupo O–H ligados a um átomo central (figura 4.1).

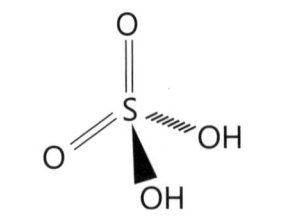

Figura 4.1 Ácido sulfúrico, H_2SO_4

Na tabela 4.2 encontramos alguns exemplos de oxiácidos.

TABELA 4.2 OXIÁCIDOS DE NÃO METAIS E METALOIDES			
GRUPO 14	GRUPO 15	GRUPO 16	GRUPO 17
H_2CO_3	HNO_3		HFO
	HNO_2		
	H_3PO_4	H_2SO_4	$HClO_4$
	H_3PO_3	H_2SO_3	$HClO_3$
			$HClO_2$
			$HClO$
	H_3AsO_4	H_2SeO_4	$HBrO_4$
	H_3AsO_3	H_2SeO_3	$HBrO_3$
			HIO_4
			HIO_3

EXERCÍCIO RESOLVIDO

3) Qual é o ácido mais forte: H_3PO_4, H_2SO_4 ou $HClO_4$?

Solução

Como a acidez cresce da esquerda para a direita e todos os ácidos são do mesmo período, o ácido mais forte é o ácido perclórico, $HClO_4$.

Outro cientista que muito contribuiu para os conceitos de acidez e basicidade foi Gilbert Newton Lewis. Ele estabeleceu um conceito mais amplo, em que ácido é qualquer espécie iônica ou molecular que pode receber um par de elétrons na formação de uma ligação covalente coordenada, e base é toda espécie química doadora de um par de elétrons na formação de uma ligação covalente coordenada. Um ácido de Lewis é um aceitador de pares de elétrons, e uma base de Lewis é um doador de pares de elétrons. Na teoria de Lewis, o próton não é o único ácido; muitas outras espécies também são ácidas. Em uma reação do tipo ácido-base, não há transferência de prótons.

A reação entre BF_3 e NH_3 ilustra uma reação de neutralização ácido-base de Lewis.

$$BF_3 + :NH_3 \rightarrow H_3N:BF_3$$

A reação é exotérmica porque se forma uma ligação entre o nitrogênio (N) e o boro (B), em que o nitrogênio doa o par de elétrons e o boro recebe o par de elétrons. A molécula de NH_3 atua como base de Lewis, e BF_3 funciona como ácido de Lewis.

EXERCÍCIO RESOLVIDO

4) Na reação de BeF_2 com $2F^-$ para formar BeF_4^{2-}, qual reagente é ácido de Lewis e qual é base de Lewis?

Solução

BeF_2 é o ácido e F^- é a base.

Outra reação típica entre um ácido e uma base é a que ocorre entre o ácido clorídrico (HCl) e o hidróxido de sódio (NaOH). Vejamos:

$$HCl + NaOH \rightarrow NaCl + H_2O$$

Temos como produtos da reação o sal, cloreto de sódio (NaCl) e água (H_2O). Essa reação recebe o nome de neutralização.

A reação de neutralização tem muitas aplicações práticas. Por exemplo, os agricultores podem adicionar às terras agrícolas, que são frequentemente muito ácidas ou básicas, um ácido fraco ou uma base fraca para produzir o nível de acidez ou basicidade, restaurando a fertilidade do solo. Além disso, reações de neutralização podem ser utilizadas na recuperação de terras de mineração; em problemas ambientais, para neutralizar os gases ácidos produzidos em instalações industriais; para neutralizar produtos químicos perigosos produzidos por uma variedade de processos; na limpeza de superfícies e galvanoplastia de metais. A tabela 4.3 apresenta uma síntese das principais teorias de ácido-base.

TABELA 4.3 TEORIAS ÁCIDO-BASE

TEORIA	ÁCIDO	BASE
Arrhenius	Libera H^+ em solução aquosa	Libera OH^- em solução aquosa
Brönsted-Lowry	Doa 1 próton	Recebe 1 próton
Lewis	Recebe par de elétrons	Doa par de elétrons

Vimos que as reações entre ácidos e bases podem gerar *sal* e água. Muitos compostos inorgânicos são sais.

Os sais são constituídos de um cátion e um ânion agrupados por ligação iônica, cujas proporções de íons são tais que a carga elétrica é cancelada, fazendo com que o composto como um todo seja eletricamente neutro.

Os sais são compostos iônicos que podem resultar da reação de neutralização de um ácido e uma base. Eles são compostos de cátions e ânions, sendo eletricamente neutros. Estes íons podem ser de componentes inorgânicos, tal como cloreto (Cl^-), bem como orgânicos, tais como acetato (CH_3COO^-), e íons monoatômicos, tais como fluoreto (F^-), bem como íons poliatômicos, tal como sulfato (SO_4^{2-}).

O *cloreto de sódio* (NaCl), muito utilizado na alimentação, também conhecido como sal de cozinha, é formado pela combinação de dois elementos: sódio e cloro. Esse sal é essencial à vida humana. O *sódio* apresenta um papel importante em diversas funções do organismo, principal-

---

? CURIOSIDADE

Sal

O sal é um dos componentes mais importantes na indústria química, uma vez que é utilizado como matéria-prima na fabricação de outros produtos químicos, como o vidro e têxteis, bem como em sistemas de amaciamento de água para a indústria e uso doméstico.

💬 COMENTÁRIO

Cloreto de sódio

© Dave Dyet

O mineral **halita**, cloreto de sódio (NaCl), tem seu nome originário da palavra latina *sal*, que deriva do grego antigo alas ou alati no idioma atual. O termo halita, em geral, refere-se às suas ocorrências naturais, tais como sal de rocha, sal-gema ou sal fóssil.

! ATENÇÃO

Sódio

O sódio metálico é bastante instável e reage violentamente na presença de água.

mente no equilíbrio entre os fluidos celulares e extracelulares. Atua também na transmissão de impulsos nervosos em todo o corpo, permitindo assim o funcionamento do cérebro e o controle de nossas funções vitais. Já o cloro está presente no suco gástrico e atua na digestão das proteínas. Ele também auxilia na hematose, quando aumenta a capacidade do sangue de carregar gás carbônico das células para o pulmão. Juntos, o sódio e o cloro, na forma de sal (NaCl) estão presentes em todos os tecidos e fluidos do organismo humano, como, por exemplo, no suor e nas lágrimas. Contudo o consumo em excesso de sal pode trazer prejuízos à saúde.

O cloro, em presença de água, forma o ácido hipocloroso (HClO), de acordo com a reação representada pela equação química

$$Cl_2 + H_2O \rightleftharpoons HClO + HCl$$

O ácido hipocloroso também se decompõe liberando cloro, um gás perigoso, que pode ser letal. A figura 4.2 mostra o comprimento das ligações O-H e O-Cl e a estrutura tridimensional do ácido hipocloroso (HClO).

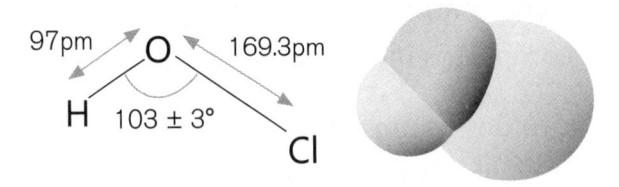

Figura 4.2 Ácido hipocloroso

Os químicos devem ter muito cuidado ao manusear esses dois elementos em laboratório.

Uma importante classe de sais inorgânicos são os haletos, carbonatos e sulfatos. Os haletos (grego *halos*, sal) são moléculas diatômicas dos elementos do grupo 17 da tabela periódica: os halogênios flúor (F), cloro (Cl), bromo (Br), iodo (I) e astato (At), em estado de oxidação 1–. Por exemplo, o cloreto de magnésio ($MgCl_2$), que é constituído pelo cátion Mg^{2+} e ânion Cl^-. Como o magnésio apresenta número de oxidação 2+ e o cloro 1–, são necessários dois átomos de cloro para compor a fórmula com o magnésio, para que o sal seja eletricamente neutro.

Os carbonatos são sais inorgânicos ou seus respectivos minerais que apresentam na sua composição química o íon carbonato CO_3^{2-}. Uma solução aquosa de dióxido de carbono (CO_2), contém uma quantidade mínima de ácido carbônico (H_2CO_3), que se dissocia formando íons hidrogênio H^+ e íons carbonato CO_3^{2-} (figura 4.3).

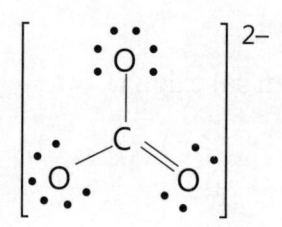

Figura 4.3 Estrutura de Lewis do íon carbonato CO_3^{2-}

O termo carbonato é usado para referir-se a sais e a minerais que contêm o íon carbonato. O processo de remoção desses sais é denominado calcinação. São exemplos de carbonatos: carbonato de cálcio ($CaCO_3$); carbonato de sódio ($NaCO_3$) e o sal duplo ($KNaCO_3$), carbonato de potássio e sódio.

O *sulfato*, de acordo com a IUPAC, é o íon poliatômico SO_4^{2-}. O ânion sulfato apresenta número de oxidação 2–. Forma compostos iônicos solúveis em água, com exceção de $CaSO_4$, $SrSO_4$ e $BaSO_4$. Os sulfatos são importantes na indústria química e sistemas biológicos.

Os sais são classificados em simples, duplos ou complexos, de acordo com o número de íons presentes em sua fórmula.

São simples aqueles que apresentam apenas um tipo de ânion e um tipo de cátion. Exemplos: NaCl, $CaSO_4$ e Fe_2S_3.

Os sais duplos, com exceção dos alumens, são, em geral, misturas de dois sais e apresentam dois cátions ou dois ânions. São exemplos de sais duplos: $MgKCO_3$ e CaClBr.

Os alumens são sais duplos que apresentam a fórmula geral AB $(SO_4)_2$ e não são misturas, apresentam um único retículo iônico. Exemplos: $AlK(SO_4)_2 \cdot 12\ H_2O$ sulfato de alumínio e potássio – água (1/12).

Os sais complexos são os que apresentam um ou mais íons complexos. O íon complexo é constituído por um metal

CURIOSIDADE

Sulfato

Petróleo

O sulfato é o principal alimento das bactérias anaeróbicas, presentes nos poços de petróleo, que o metabolizam e liberam o gás sulfídrico (H_2S), causando acidificação do gás e do óleo, perdendo assim valor no refino e ainda ocasionando corrosão dos equipamentos, podendo ocorrer o plugueamento (fechamento) do reservatório, tornando inviável a extração.

combinado a um íon, a um elemento ou a uma molécula, e se caracteriza por ocultar as reações iônicas de seus componentes, como, por exemplo, a solução de $Na_3[Fe(CN)6]$ em água, fornecendo os íons Na^+ e $[Fe(CN)_6]^{3-}$.

Os sais podem ser obtidos a partir das seguintes reações químicas:

a) Uma base e um ácido: forma-se um sal e água.

⭐ EXEMPLO

A reação entre o hidróxido de sódio, NaOH, e o ácido sulfúrico, H_2SO_4, originando sulfato de sódio, Na_2SO_4, e água.

$$2\ NaOH + H_2SO_4 \rightarrow Na_2SO_4 + 2\ H_2O$$

b) Um metal e um ácido: forma-se um sal e gás hidrogênio.

⭐ EXEMPLO

A reação entre o magnésio, Mg, e o ácido sulfúrico, H_2SO_4, originando sulfato de magnésio, $MgSO_4$, e hidrogênio, H_2.

$$Mg + H_2SO_4 \rightarrow MgSO_4 + H_2$$

c) Um óxido ácido e um óxido básico: forma-se um sal.

⭐ EXEMPLO

A reação entre o dióxido de carbono, CO_2, e o óxido de cálcio, CaO, formando carbonato de cálcio, $CaCO_3$.

$$CO_2 + CaO \rightarrow CaCO_3$$

Em geral, os sais formam cristais, são solúveis em água, têm alto ponto de fusão e reduzida ou elevada dureza. São bons condutores de corrente elétrica, pois seus íons constituintes podem funcionar como eletrólitos.

Constatamos que os sais podem ser originados por meio da reação entre óxidos ácidos e básicos. Vamos entender o que são óxidos.

Os óxidos são compostos binários formados por átomos de oxigênio e outro elemento, nos quais o elemento mais eletronegativo é o oxigênio. A maioria dos elementos químicos é encontrada na natureza na forma de óxidos. Não existe óxido de flúor, já que o flúor é mais eletronegativo que o oxigênio; na verdade o flúor é o elemento mais eletronegativo conhecido. A substância criada nesse caso é o sal, fluoreto de oxigênio (OF_2).

De acordo com a natureza das ligações, os óxidos podem ser classificados em:

a) **Óxidos iônicos** – são os óxidos em que há ligação eletrovalente. São geralmente os óxidos dos metais alcalinos (grupo 1 da tabela periódica), metais alcalinos terrosos (grupo 2 da tabela periódica), os peróxidos metálicos e o óxido de alumínio. São exemplos de óxidos iônicos: Na_2O (óxido de sódio), MgO (óxido de magnésio) e BaO (óxido de bário).

OBSERVAÇÃO

Observe que os óxidos iônicos são nomeados de acordo com o elemento que se liga ao oxigênio, e a fórmula se dá balanceando as valências de ambos.

b) **Óxidos moleculares** – são os óxidos em que só existe ligação covalente. São os óxidos dos ametais, a água (H_2O) e a água oxigenada (H_2O_2). O oxigênio pode se combinar em diversas proporções ao outro elemento químico. Como, por exemplo, no monóxido de carbono (CO), e no dióxido de carbono (CO_2).

OBSERVAÇÃO

Observe que antes do nome óxido vem o prefixo *mono*, no caso do CO, e *di*, no caso do CO_2. O prefixo é utilizado para identificar o número de átomos que compõem um óxido molecular e pode aparecer mais de uma vez no nome do óxido, como em monóxido de dinitrogênio (N_2O), e pentóxido de difósforo (P_2O_5).

c) **Óxidos iônicos-moleculares** – são os óxidos que apresentam caráter iônico e molecular em proporções iguais. São óxidos de metais de transição e metaloides, que apresentam número de oxidação igual a 2+, 3+ ou 4+.

> **EXEMPLO**

ZnO (óxido de zinco), Fe_2O_3 (trióxido de diferro), SnO (monóxido de estanho), SnO_2 (dióxido de estanho), PbO_2 (dióxido de chumbo), SiO_2 (dióxido de silício), Sb_2O_3 (trióxido de diantimônio).

Os óxidos também podem ser classificados, de acordo com o elemento combinado com o oxigênio, em: ácidos ou anidridos, básicos, anfóteros, salinos ou duplos, peróxidos e neutros.

a) **Óxidos ácidos ou anidridos** – são óxidos que reagem com a água formando oxiácidos. São geralmente formados por ametais.

> **EXEMPLO**

$$SO_3 + H_2O \rightarrow H_2SO_4$$
$$N_2O_3 + H_2O \rightarrow 2\ HNO_3$$
$$CO_2 + H_2O \rightarrow H_2CO_3$$

Quando são constituídos por metais, o número de oxidação destes é maior ou igual a 4+. Como observado em: $CrO_3 + H_2O \rightarrow H_2CrO_4$ e $MnO_2 + H_2O \rightarrow H_2MnO_3$.

Os anidridos do fósforo (P), do arsênio (As), do antimônio (Sb) e do boro (B) reagem com uma duas ou três moléculas de água, dando origem a mais de um ácido, que são identificados pelos prefixos *meta*, *piro* e *orto*, respectivamente. Assim, se o óxido antimonioso (Sb_2O_3) reagir com:

- uma molécula de água, ele formará o ácido meta-antimonioso, $HSbO_2$;
- duas moléculas de água, ele formará o ácido piroantimonioso, $H_4Sb_2O_5$;
- três moléculas de água, ele formará o ácido ortoantimonioso, H_3SbO_3 (ou ácido antimonioso).

Os anidridos como o trióxido de cromo (CrO_3), trióxido de enxofre (SO_3) e trióxido de diboro (B_2O_3) reagem com a água na razão 2:1, 2 mols de anidrido e 1 mol de água, formando ácidos dicrômico, dissulfúrico e tetrabórico, respectivamente.

EXEMPLO

$$2\ CrO_3 + H_2O \rightarrow H_2Cr_2O_7$$
$$2\ SO_3 + H_2O \rightarrow H_2S_2O_7$$
$$2\ B_2O_3 + H_2O \rightarrow H_2B_4O_7$$

COMENTÁRIO

Óxidos ácidos

No processo da formação da chuva ácida, existem três gases mais importantes que são o CO_2, NO_2 e SO_2. Todos são óxidos ácidos encontrados na natureza, mas o aumento de suas concentrações se dá principalmente por conta da ação antropogênica na natureza.

Alguns anidridos, como o dióxido de nitrogênio (NO_2), reagem com água formando dois ácidos, e por isso são considerados anidridos mistos ou duplos.

EXEMPLO

O dióxido de nitrogênio, NO_2, reage com água, H_2O, formando ácido nítrico, HNO_2, e ácido nitroso, HNO_3. De acordo com a equação química

$$2\ NO_2 + H_2O \rightarrow HNO_2 + HNO_3$$

Propriedades químicas dos óxidos ácidos:

Óxidos ácidos reagem com óxidos básicos formando sais.

EXEMPLO

$$SO_2 + CaO \rightarrow CaSO_3$$
$$CO_2 + Na_2O \rightarrow Na_2CO_3$$

Os óxidos ácidos reagem com os hidróxidos em meio aquoso formando sais.

EXEMPLO

$$SO_3 + Ca(OH) \rightarrow CaSO_4 + H_2O$$
$$SO_3 + KOH \rightarrow KHSO_4$$
$$CO_2 + NaOH \rightarrow NaHCO_3$$

Os óxidos ácidos podem ser considerados provenientes da desidratação dos oxiácidos correspondentes.

EXEMPLO

$$2\,H_3PO_4 \overset{\Delta}{\rightleftharpoons} P_2O_5 + 3\,H_2O$$

b) **Óxidos básicos** – são óxidos metálicos que reagem com água produzindo hidróxidos. O número de oxidação do metal nesses óxidos é geralmente 1+ ou 2+, exceto no bismuto (Bi), que é 3+.

EXEMPLO

$$FeO + H_2O \rightarrow Fe(OH)_2$$
$$CaO + H_2O \rightarrow Ca(OH)_2$$

Propriedades químicas dos óxidos básicos:

Os óxidos básicos reagem com os óxidos ácidos formando sais.

EXEMPLO

$$CaO + CO_2 \rightarrow CaCO_3$$
$$Na_2O + N_2O_5 \rightarrow 2\,NaNO_3$$

Os óxidos básicos reagem com os ácidos formando sal e água.

EXEMPLO

$$Na_2O + 2\,HCl \rightarrow 2\,NaCl + H_2O$$
$$MgO + H_2SO_4 \rightarrow MgSO_4 + H_2O$$

c) **Óxidos anfóteros** – são óxidos metálicos que possuem caráter iônico-molecular e se comportam como óxidos básicos ou óxidos ácidos, respectivamente, diante de ácidos fortes ou hidróxidos fortes.

EXEMPLO

$$ZnO + 2\,HCl \rightarrow ZnCl_2 + H_2O$$
$$ZnO + 2\,NaOH \rightarrow Na_2ZnO_2 + H_2O$$

Os principais óxidos anfóteros são: Al_2O_3; Fe_2O_3; Au_2O_3; Cr_2O_3; Mn_2O_3; SnO; SnO_2; PbO; PbO_2; ZnO e MnO_2.

Propriedades químicas dos óxidos anfóteros:

Os óxidos anfóteros reagem com a água produzindo substâncias anfóteras.

⭐ EXEMPLO

$$ZnO + H_2O \rightarrow Zn(OH)_2 \rightleftarrows H_2ZnO_2$$
$$Al_2O_3 + 2\ H_2O \rightarrow 2\ Al(OH)_3 \rightleftarrows 2\ H_3AlO_3$$

Os óxidos anfóteros podem reagir com anidridos e óxidos básicos formando sais.

⭐ EXEMPLO

$$P_2O_5 + Al_2O_3 \rightarrow 2\ AlPO_4$$
$$Na_2O + Al_2O_3 \rightarrow 2\ NaAlO_2$$

d) **Óxidos salinos ou duplos** – são constituídos de dois óxidos de um mesmo metal, um com caráter básico e outro com caráter anfótero. Apresentam, em média, número de oxidação igual a $3/8+$.

⭐ EXEMPLO

Tetróxido de chumbo, Pb_3O_4 (2 PbO; PbO_2).

Propriedades químicas dos óxidos duplos:

As propriedades desses óxidos são as dos óxidos que os constituem.

⭐ EXEMPLO

A magnetita, Fe_3O_4 (formada pelo óxido básico, FeO, e óxido anfótero, Fe_2O_3), ao reagir com o ácido sulfúrico, H_2SO_4, forma sais e água, reação representada pela equação:
$$Fe_3O_4 + 4\ H_2SO_4 \rightarrow FeSO_4 + Fe_2(SO_4)_3 + 4\ H_2O$$

e) **Peróxidos ou óxidos singulares** – são óxidos que reagem com os ácidos formando sais e água oxigenada. Podem ser agrupados em peróxidos e superperóxidos.

Propriedades químicas dos óxidos singulares ou peróxidos:

Os peróxidos (*Nox* = 1–) reagem com os ácidos formando sais e água oxigenada.

⭐ EXEMPLO

$$Na_2O_2 + 2\ HCl \rightarrow 2\ NaCl + H_2O_2$$

Os superóxidos (*Nox* = 0,5–) reagem com os ácidos formando sais, água oxigenada e oxigênio.

⭐ EXEMPLO

$$2\ NaO_2 + 2\ HCl \rightarrow 2\ NaCl + H_2O_2 + O_2\nearrow$$

Os peróxidos reagem com água formando hidróxidos e oxigênio.

⭐ EXEMPLO

$$2\ NaO_2 + 2\ H_2O \rightarrow 2\ NaOH + O_2\nearrow$$

e) **Óxidos neutros** – são óxidos que ou não reagem ou reagem de modo diferente com água e com bases (hidróxidos). São formados por não metais ou hidrogênio (H), ligados ao oxigênio e geralmente apresentam-se no estado físico gasoso.

⭐ EXEMPLO

$$NO,\ N_2O,\ H_2O\ e\ CO$$

Propriedades químicas dos óxidos neutros:

O óxido neutro, monóxido de carbono (CO), reage com bases fortes formando o sal, formiato de potássio (HCOOK).

⭐ EXEMPLO

$$CO + KOH \xrightarrow{\Delta} HCOOK$$

$$\left[H-C\begin{matrix} \nearrow O \\ \searrow O \end{matrix} \right]^- K^+$$

formiato de potássio (HCOOK)

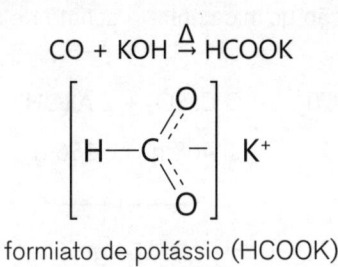

4.2 Leis ponderais

Os esclarecimentos de alguns fenômenos começaram a ser elucidados pelos cientistas no fim do século XVIII. Eles estabeleceram as leis das combinações químicas e passaram a interpretar cientificamente os fenômenos químicos.

O conceito de conservação de massa foi descoberto em reações químicas por Antoine Laurent **_Lavoisier_** e foi de crucial importância para o progresso da química como ciência natural. Lavoisier evidenciou que em uma reação química a massa total dos reagentes é igual à massa total dos produtos, e ainda que uma reação química não produz alteração na massa dos participantes. Postulando que "na natureza nada se cria, nada se perde, tudo se transforma".

👤 PERSONALIDADE

Lavoisier
O maior cientista da história da química.

© Ra3rn

Antoine Laurent Lavoisier (1743-1794) foi um cientista, físico e químico experimental francês, foi o primeiro a observar que o oxigênio, em contato com uma substância inflamável, produz a combustão. Dentre vários trabalhos, enunciou a *lei da conservação das massas nas reações* (1789), fundamental na história da química.

⭐ EXEMPLO

Pesando-se 16 g de enxofre (S) e misturando-os com 100,3 g de mercúrio (Hg), obtêm-se 116,3 g de uma nova substância, o sulfeto de mercúrio (HgS).

$$S + Hg \rightarrow HgS$$
$$\underbrace{16\ g + 100{,}3\ g}_{116{,}3} \quad 116{,}3\ g$$

Lavoisier foi considerado o primeiro pesquisador da química moderna, consagrado por ter descoberto que a água é composta de dois elementos e porque comprovou que a massa total num sistema fechado é sempre a mesma.

⭐ EXEMPLO

Observe a conservação da massa na reação química entre o sulfato de alumínio e o hidróxido de cálcio:

$$Al_2(SO_4)_3 + 3\ Ca(OH)_2 \rightarrow 3\ CaSO_4 + 2\ Al(OH)_3$$

$$\underbrace{342\ g + 222\ g}_{564\ g} = \underbrace{408\ g + 156\ g}_{564\ g}$$

A soma das massas dos reagentes é igual à soma das massas dos produtos, ou seja, 564 g.

O químico francês Joseph Louis Proust (1754-1826) observou que uma substância pura, independente do processo de preparação, apresenta os seus elementos numa razão, em massa, constante. A Lei de Proust ou a Lei das proporções definidas diz que dois ou mais elementos, ao se combinarem para formar substâncias, conservam entre si proporções definidas.

⭐ EXEMPLO

A massa de uma molécula de água (H_2O) é 18 g e é resultado da soma das massas atômicas do hidrogênio e do oxigênio.
Dados:
Massa atômica do H = 1 → 2 x 1 = 2 g
Massa atômica do O = 16 → 1 x 16 = 16 g

Então 18 g de água tem sempre 16 g de oxigênio e 2 g de hidrogênio. A molécula água está na proporção 1:8.

Proust verificou que as massas dos reagentes e as massas dos produtos que participam da reação obedecem sempre a uma proporção constante. A Lei de Proust foi a base para a teoria atômica de Dalton.

Dalton, depois de muitos experimentos, concluiu que quando uma massa fixa de uma substância reage com massas diferentes de outra substância, formando em cada caso compostos distintos, verifica-se que as massas diferentes estão entre si numa relação de números inteiros e simples. A lei de Dalton é uma lei acerca do comportamento dos gases ideais, que defende que se as moléculas de dois gases não se atraem nem se repelem, as colisões de cada um deles não são afetadas pela presença do outro. Essa lei, também conhecida como lei das pressões parciais, estabelece que a pressão total de uma mistura gasosa é igual à soma da pressão parcial de cada um dos gases que compõem a mistura. A lei de Dalton é estritamente válida para misturas de gases ideais.

EXEMPLO

Pode-se observar a lei de Dalton nos óxidos de nitrogênio listados a seguir:

ÓXIDO	MASSA DO NITROGÊNIO	MASSA DO OXIGÊNIO
N_2O	28 g	16 g
NO	14 g	16 g
NO_2	14 g	32 g
N_2O_3	28 g	48 g
N_2O_5	28 g	80 g

Se a massa de nitrogênio for fixada em **28 g**, teremos a seguinte tabela de dados:

ÓXIDO	MASSA DO NITROGÊNIO	MASSA DO OXIGÊNIO
N_2O	28 g	16 g
NO	14 g x 2 = 28 g	16 g x 2 = 32 g
NO_2	14 g x 2 = 28 g	32 g x 2 = 64g
N_2O_3	28 g	48 g
N_2O_5	28 g	80 g

Assim, as massas de oxigênio formam a proporção:
16 : 32 : 64 : 48 : 80 = 1 : 2 : 4 : 3 : 5

Os cientistas alemães Richter (1762-1807) e Wenzel (1876-1944) postularam a Lei das Proporções Recíprocas ou Lei do Equivalentes, estabelecendo que, quando uma massa fixa de uma substância reage com diferentes substâncias, se estas reagirem entre si, o farão com as mesmas massas ou, então, com valores múltiplos ou submúltiplos.

EXEMPLO

Combinando dois a dois os elementos carbono, hidrogênio e oxigênio, podem-se obter os seguintes dados:

oxigênio +	hidrogênio →	água
8 g	1 g	9 g
oxigênio +	carbono →	gás carbônico
8 g	3 g	11 g
oxigênio +	carbono →	produtos
1 g	3 g	4 g de metano
1 g	4 g	5 g de etano

Observe que, sendo o oxigênio o elemento de referência, a combinação entre hidrogênio e carbono ocorre na proporção esperada (1:3, no metano) ou numa outra proporção (1:4, no etano). Essas duas proporções em massa formam uma razão de números inteiros pequenos:

$$\frac{1:4}{1:3} = \frac{1}{1} \cdot \frac{3}{1} = \frac{3}{4} = 3:4$$

As leis de Lavoisier, Proust, Dalton, Richter e Wenzel são chamadas de leis ponderais porque estão relacionadas à massa dos elementos químicos nas reações químicas.

4.3 Mol, massa molar, fórmula empírica, fórmula percentual e molecular

Mol

O mol é definido como a quantidade de matéria de um sistema que contém tantas entidades elementares quantos são os átomos contidos em

0,012 kg de carbono 12. Quando se utiliza a unidade mol, as entidades elementares devem ser especificadas, podendo ser átomos, moléculas, elétrons, outras partículas ou agrupamentos especiais de tais partículas.

Para qualquer amostra de substância, sua massa (m) é diretamente proporcional à sua quantidade de matéria (n). A constante de proporcionalidade que permite a passagem de quantidade de matéria para massa, conhecida como massa molar (M), nada mais é que a massa da substância por unidade de quantidade de matéria. Portanto, tem-se que: m = M.n.

A massa molar (M) é a massa de um mol de átomos, moléculas ou íons, dada em gramas. A massa molar de um elemento químico ou de uma substância é numericamente igual à massa atômica (MA) desse elemento ou do total das massas atômicas componentes da substância (MM) em unidades de massa atômica, uma ou simplesmente u.

EXEMPLO

H_2O (água)
Dados: MA: O = 16 u e MA: H = 1 u.
Como são dois átomos de H, então 2 x 1 = 2 u. M = 16 + 2 = 18 g.

Na fórmula da água há um átomo de O que é multiplicado pela sua massa atômica (16 u), resultando em 16. Há dois átomos de H que são multiplicados pela sua massa atômica (1 u), resultando em 2. Esses resultados são somados e encontramos o valor da massa molecular, 18 u, e a massa molar (M) igual a 18 g. Podemos dizer também que a água apresenta 2 mols de H e 1 mol de O.

Analogamente à quantidade de matéria, o número de entidades é uma propriedade intrínseca da amostra. Isso significa que existe uma relação de proporcionalidade entre o número de entidades na amostra e sua quantidade de matéria. A constante de Avogadro tem seu valor medido experimentalmente; o valor obtido mais recentemente e recomendado é $6,02214 \times 10^{23}$ mol^{-1} ou $6,02 \times 10^{23}$ mol^{-1}.

A constante de Avogadro é fundamental para o entendimento da composição das moléculas e suas interações e combinações. Por exemplo, uma vez que um átomo de oxigênio irá combinar com dois átomos de hidrogênio para formar uma molécula de água (H_2O), percebe-se que, analogamente,

> **COMENTÁRIO**
>
> Fórmula molecular
>
> A fórmula molecular do etileno (C_2H_4), monômero do polietileno, informa que existem dois átomos de carbono (C) e quatro átomos de hidrogênio (H) por molécula de etileno.

> **OBSERVAÇÃO**
>
> Fórmula empírica
>
> Vamos utilizar o etileno (C_2H_4) como exemplo. A proporção dos átomos de carbono em relação ao hidrogênio é 1:2. Logo, a fórmula empírica é CH_2.

1 mol de oxigênio ($6{,}02 \times 10^{23}$ de átomos de O) irá combinar com 2 mols de hidrogênio ($2 \times 6{,}02 \times 10^{23}$ de átomos de H) para produzir um mol de H_2O.

> **EXERCÍCIO RESOLVIDO**
>
> 5) Determine a massa molar do nitrato de cálcio ($Ca(NO_3)_2$).
>
> Solução
>
> Dados: O = 6 x 16 = 96 u; N = 2 x 14 = 28 u e Ca = 1 x 40 = 40 u.
> M = 96 + 28 + 40 = 164 g

Fórmula

Vamos falar um pouco sobre fórmulas químicas, já que até agora vimos muitas delas, entender o que elas significam e como podem nos ajudar nos cálculos químicos.

Uma fórmula química descreve um composto em termos de seus elementos constituintes. A ***fórmula molecular*** de um composto descreve a composição atômica de uma molécula.

A ***fórmula empírica*** expressa o número de átomos dos diferentes elementos num composto, utilizando os menores números inteiros possíveis. Esses inteiros podem ser determinados pela conversão de dados analíticos de composição de massa em quantidades de mols de átomos de cada elemento, contidas numa dada massa fixa do composto.

A fórmula empírica não nos dá a dimensão da molécula, ela fornece apenas o número mínimo de átomos de cada elemento. Então podemos escrever $(CH_2)_n$ para indicar que cada molécula deve conter um número inteiro de unidades CH_2.

A fórmula percentual indica a massa de cada elemento químico presente em 100 partes de massa de uma amostra, refere-se à porcentagem (%) em massa de cada elemento que compõe a amostra. E pode ser calculada com a seguinte fórmula:

$$\text{porcentagem da massa do elemento} = \frac{\text{massa do elemento na amostra}}{\text{massa total da amostra}} \times 100$$

EXERCÍCIOS RESOLVIDOS

6) Calcule a fórmula percentual do etileno C_2H_4.
Dados: MA: C = 12 u e H = 1 u.

Solução

C_2H_4 M = (12 x 2) + (1 x 4) = 28 g

$\% C = \dfrac{24}{28} \times 100 \quad 85,71 \%$ de C

$\% H = \dfrac{4}{28} \times 100 \quad 14,28 \%$ de H

O etileno tem **85,71 % de C** e **14,28 % de H**.

7) Qual é o adubo mais rico em potássio (K): o sulfato de potássio (K_2SO_4) ou o cloreto de potássio (KCl)?
Dados: K = 39, 1 u; S = 32, 1 u; Cl = 35, 5 u e O = 16 u.

Solução

K_2SO_4 M = (39.2) + 32 + (16.4) = 174 g

$\% K = \dfrac{78}{174} \times 100 \rightarrow 44,83 \%$ de K

KCl M = (39.2) + 35,5 = 113,5 g

$\% K = \dfrac{78}{113,5} \times 100 \rightarrow 68,72 \%$ de K

O adubo mais rico em *potássio* é o KCl.

OBSERVAÇÃO

Potássio
Observe que não serve como dica achar que por ter mais potássio na molécula teria maior porcentagem.

4.4 Equações químicas e balanceamento das equações

Uma equação química é a representação escrita de uma reação química, que mostra os reagentes, os produtos e a direção na qual a reação se processa.

$$2\,H_{2(g)} + O_{2(g)} \rightarrow 2\,H_2O_{(g)}$$

reagentes → produtos

As equações químicas mostram os compostos envolvidos em uma reação química e seus estados físicos. O símbolo "+" significa *reage com*, e a seta "→" significa *para formar*. Assim, a expressão simbólica acima pode ser lida do seguinte modo:

> Duas moléculas de hidrogênio reagem com uma molécula de oxigênio para formar duas moléculas de água.

Considera-se que a reação ocorra da esquerda para a direita conforme é indicado pela seta. Como informação adicional, os químicos indicam os estados físicos dos reagentes e dos produtos usando as letras:

g	para gás;
l	para líquido;
s	para sólido;
aq	para designar meio aquoso (ou seja, água).

De acordo com a lei de conservação da massa, deve haver o mesmo número de cada tipo de átomo em ambos os lados da seta, isto é, devemos ter tantos átomos no final da reação quantos tínhamos antes de ela se iniciar.

O número 2 na frente do H_2 e da H_2O é denominado coeficiente estequiométrico, que serve para balancear a equação. Essa equação química balanceada mostra que duas moléculas de hidrogênio podem reagir com uma molécula de oxigênio para formar duas moléculas de água. Como a razão entre o número de moléculas é igual à razão entre o número de mols, a equação pode também ser lida desse modo:

2 **mols** de moléculas de hidrogênio reagem com **1 mol** de moléculas de oxigênio para produzir **2 mols** de moléculas de água.

Conhecendo a massa de um mol de cada uma dessas substâncias, ou seja, 1 mol de H_2 é igual 2 g, e 1 mol de O_2 igual a 32 g, podemos também interpretar a equação como:

4,0 g de H_2 reagem com 32,0 g de O_2 para gerar 36,0 g de H_2O

EXERCÍCIO RESOLVIDO

8) O fósforo branco, formado por moléculas P_4, é usado em artefatos incendiários militares, porque inflama espontaneamente quando exposto ao ar. O produto da reação com o oxigênio é P_4O_{10}. (O oxigênio encontra-se presente no ar com moléculas de O_2.)
$P_4 + 5\ O_2 \rightarrow P_4O_{10}$
Quantos mols de P_4O_{10} poderão ser produzidos mediante o uso de 0,500 mol de O_2?

Solução
0,100 mol de P_4O_{10}
5 mols de O_2 produzem 1 mol de P_4O_{10}
0,500 mols de O_2 produzem x mol de P_4O_{10}
Fazendo uma regra de três simples, obtemos como resposta 0,100 mol de P_4O_{10}.

Uma reação química tem que ser balanceada antes que qualquer informação quantitativa útil possa ser obtida sobre a reação. Balancear uma equação garante que o mesmo número de átomos de cada elemento apareça em ambos os lados da equação. Algumas equações são facilmente balanceadas. Isso leva apenas alguns minutos, mas outras são um pouco mais complicadas. Para facilitar esse tipo de operação, vamos aplicar o método por tentativas. Para isso, podemos balancear uma equação química de acordo com as seguintes etapas:

⚠ ATENÇÃO

Coeficientes estequiométricos

Atenção! Podemos acrescentar ou mudar somente os coeficientes estequiométricos, mas nunca os índices (o número menor, escrito do lado direito de cada elemento é chamado índice. Indica sua proporção na substância), porque mudar o índice significa alterar a substância química.

1	Identifique todos os reagentes e produtos e escreva as suas fórmulas corretas nos lados esquerdo e direito da equação, respectivamente.
2	Inicie o balanceamento da equação testando diferentes coeficientes até chegar ao mesmo número de átomos de cada elemento em ambos os lados da equação. Os *coeficientes estequiométricos* são os números na frente das fórmulas químicas; fornecem a proporção de reagentes e produtos.
3	Primeiro, observe os elementos que aparecem apenas uma vez, e com igual número de átomos, em cada lado da equação: as fórmulas que contêm esses elementos devem ter o mesmo coeficiente. Não é necessário ajustar os coeficientes desses elementos nesse momento. Em seguida, observe os elementos que aparecem apenas uma vez, mas com números de átomos diferentes, em cada lado da equação. Efetue o balanceamento desses elementos. Finalmente, efetue o balanceamento dos elementos que aparecem em duas ou mais fórmulas de um mesmo lado da equação.
4	Confira se a equação está balanceada, certificando-se de que o número total de cada tipo de átomo em ambos os lados da seta da equação seja o mesmo.

EXERCÍCIO RESOLVIDO

9) A queima do álcool é descrita pela seguinte equação química:

$$C_2H_6O + O_2 \rightarrow CO_2 + H_2O$$

Vamos começar o balanceamento?

Solução

Como escolhemos os coeficientes?

Devemos começar o acerto pelo elemento que aparece uma só vez de cada lado da equação (nesse caso, temos o carbono e o hidrogênio). Portanto, devemos multiplicar o carbono por dois e o hidrogênio por três (ambos do lado direito) para ficarmos com dois átomos de carbono e seis átomos de hidrogênio de cada lado da equação. Teremos portanto:

$$C_2H_6O + O_2 \rightarrow 2\,CO_2 + 3\,H_2O$$

Agora vamos dar uma olhadinha nos oxigênios. Temos quatro oxigênios pertencentes ao CO_2 e três oxigênios da água, somando um total de sete oxigênios do lado dos produtos e apenas três do lado dos reagentes (um átomo de oxigênio do C_2H_6O e dois átomos do O_2). Como podemos resolver isso?

Basta multiplicar o oxigênio por três.

$$C_2H_6O + 3\,O_2 \rightarrow 2\,CO_2 + 3\,H_2O$$

Temos assim a equação balanceada.

4.5 Cálculos estequiométricos

As leis de Lavoisier e Proust são as bases para todo cálculo estequiométrico. A estequiometria é o cálculo das quantidades de reagentes e produtos que participam de uma reação química. Essas quantidades podem ser expressas de diversas formas: massa, volume, mols e número de moléculas. Os cálculos estequiométricos baseiam-se nos coeficientes da equação, portanto é importante saber que, numa equação balanceada, os coeficientes nos dão a proporção em mols dos participantes da reação.

Assim, analisando uma equação balanceada, evidenciamos que ela mostra as relações de mols e não de massa. A reação $2\,CO_{(g)} + 1\,O_{2(g)} \rightarrow 2\,CO_{2(g)}$ indica que 2 mols de CO reagem com 1 mol de O_2 para dar 2 mols de CO_2 gasoso.

De fato, os cálculos estequiométricos são cálculos que relacionam as grandezas e as quantidades dos elementos químicos. Utiliza-se muito o conceito de mol nesses cálculos. E é muito importante saber transformar a unidade grama em mol. Pode-se usar a seguinte fórmula:

> **COMENTÁRIO**
>
> Regra de três
> Para os cálculos com regra de três, sempre devemos colocar as unidades iguais uma embaixo da outra.

$$n = \frac{m}{MM}$$

Onde:

n	número de mol (quantidade de matéria)
m	massa em gramas
MM	massa molar (g/mol)

EXERCÍCIOS RESOLVIDOS

10) Quantos gramas existem em **2 mols** de CO_2?

Solução

$n = \dfrac{m}{MM}$ $2 = \dfrac{m}{44}$ $2 \times 44 = m$ $m = 88$ g

Este cálculo pode ser feito também por *regra de três*:

1 mol de CO_2 — 44 g
2 mols de CO_2 — x g

$\qquad\qquad x = 44 \times 2 \qquad x = 88$ g

11) Quantos **mols** há em uma barra de **25,0 g** de ferro (**Fe**)?
Dados: MA Fe = 55,8 u

Solução
1 mol de Fe — 55,8 g
x mol de Fe — 25,0 g

$\qquad\qquad x = 0{,}448$ mols de Fe

Quando realizamos reações químicas, o suprimento disponível de um reagente é frequentemente exaurido antes de outro reagente. O reagente limitante é aquele que será consumido por completo em primeiro lugar, fazendo com que a reação termine. A determinação desse reagente depende da quantidade inicial (mols) de cada um dos reagentes, e leva em conta a estequiometria da reação.

EXERCÍCIO RESOLVIDO

12) O fósforo e o enxofre reagem para formar o trissulfeto de tetrafósforo, P_4S_3, segundo a reação química, já balanceada:

$$8\,P_4 + 3\,S_8 \rightarrow 8\,P_4S_3$$

Qual será o reagente limitante, se 28,2 g de P_4 reagir com 18,3 g de S_8?

Dados: Massa molar do P_4 = 123,9 g/mol

Massa molar do S_8 = 256,6 g/mol

Solução

Podemos utilizar qualquer um dos reagentes. Vamos começar com o P_4:

$$28,2 \text{ g de } P_4 \times \frac{1 \text{ mol de } P_4}{123,9 \text{ g}} \times \frac{3 \text{ mols de } S_8}{8 \text{ mols de } P_4} \times \frac{256,6 \text{ g de } S_8}{1 \text{ mol de } S_8} = 21,9 \text{ g de } S_8$$

Então, 28,2 g de P_4 necessitam de 21,9 g de S_8 para reagir completamente. Temos apenas 18,3 g de S_8, logo não há S_8 suficiente para reagir com todo o P_4. Dessa forma, o reagente limitante será o S_8.

É importante ressaltar que a identificação do reagente limitante não é tão simples. E, quando um reagente limitante não é consumido inteiramente, a reação é denominada incompleta.

4.6 Fatores que influenciam a velocidade de uma reação

A velocidade de uma reação química é medida pela rapidez com que ela ocorre. E pode ser definida como a relação entre a razão da variação na concentração dos reagentes e o tempo de reação decorrido.

$$\text{velocidade} = \frac{\text{variação na concentração}}{\text{tempo decorrido}}$$

Dessa forma, à medida que os reagentes são consumidos, a velocidade da reação diminui. Podemos inferir que a velocidade de uma reação está intimamente ligada ao seu mecanismo.

A cinética química é o ramo da química que estuda a velocidade das reações e os fatores que influem nessa velocidade.

No transcorrer da reação, a quantidade de reagentes diminui enquanto a dos produtos aumenta. Assim, no tempo zero da reação teremos somente os reagentes.

A velocidade das reações é expressa em mol $L^{-1}s^{-1}$ ou $L^{-1}min^{-1}$, que corresponde à concentração da quantidade de matéria ou mol L^{-1} e o tempo em segundos ou minutos. Matematicamente, a velocidade média da reação química é representada entre colchetes e deve ser tratada em módulo, porque não existe velocidade negativa, o valor tem que ser positivo, como observado a seguir:

$$\text{velocidade} = \frac{\Delta[\text{substância}]}{\Delta t}$$

Vamos entender um pouco mais.

EXERCÍCIOS RESOLVIDOS

13) Vejamos o exemplo da reação de formação do tetróxido de dinitrogênio N_2O_4. Segundo a equação balanceada

$$N_{2(g)} + 2\,O_{2(g)} \rightarrow N_2O_4$$

TEMPO (MINUTOS)	N_2 (MOL/L)	O_2 (MOL/L)	N_2O_4 (MOL/L)
0	50	60	0
4	38	36	12
6	35	30	15
10	30	20	20

Calcule a velocidade média (Vm) da reação nos intervalos de 4 e 10 minutos.

Solução:

$Vm = \dfrac{\Delta[\text{substância}]}{\Delta t}$ $Vm = \left|\dfrac{20-12}{30-38}\right|$ $Vm = \left|\dfrac{8}{-8}\right|$ $Vm = 1$ mol. $L^{-1}.min^{-1}$

A velocidade média da reação aA + bB → cC + dD, pode ser calculada utilizando a equação:

$$V = \underbrace{-\frac{1}{a}\frac{\Delta[A]}{\Delta t} = -\frac{1}{b}\frac{\Delta[B]}{\Delta t}}_{\text{reagentes}} = \underbrace{+\frac{1}{c}\frac{\Delta[C]}{\Delta t} = +\frac{1}{d}\frac{\Delta[D]}{\Delta t}}_{\text{produtos}}$$

Observe que a variação na concentração do reagente é uma grandeza negativa.

14) Na conversão do ozônio em oxigênio, $2O_3 \rightarrow 3O_2$, a velocidade de consumo de ozônio foi medida como $2,5 \times 10^{-5}$ mol. $L^{-1}.s^{-1}$. Qual foi a velocidade da produção de O_2 nesse experimento?

Solução

$$V = -\frac{\Delta[O_3]}{2\Delta t} = +\frac{\Delta[O_2]}{3\Delta t}$$

Substituir $\frac{\Delta[O_3]}{\Delta t}$ por $2,5 \times 10^{-5}$ mol. $L^{-1}.s^{-1}$.

$$V = -\frac{2,5 \times 10 - 5 \text{ mol.L} - 1.s - 1}{2} = +\frac{\Delta[O_2]}{3\Delta t}$$

$$V = \frac{\Delta[O_2]}{3\Delta t} = -\frac{3(2,5 \times 10 - 5 \text{ mol.L} - 1.s - 1)}{2} = 3,8 \times 10^{-5} \text{ mol. L-1.s-1}.$$

Podemos observar que algumas reações químicas acontecem com mais rapidez e outras mais lentamente. Nem toda reação química acontece da mesma forma e existem alguns fatores que alteram a velocidade das reações químicas, como a concentração dos reagentes, a temperatura, a pressão, a superfície de contato, as colisões entre os reagentes e a presença de catalisador.

Aumentando-se o número de partículas, aumenta-se o número de choques. O efeito da concentração dos reagentes pode ser analisado por intermédio da Lei de Guldberg Waage ou lei da ação das massas: em um sistema homogêneo, a velocidade de uma reação é, a cada instante, proporcional ao produto das concentrações ativas dos reagentes presentes naquele instante. Assim, para o sistema hipotético:

aA + bB → cC + dD, podemos escrever: $v = k [A]^a[B]^b$.

Esse conceito está ligado ao conceito de ordem de uma reação com relação a determinado reagente. A velocidade de uma reação com relação ao reagente A pode ser expressa por: $v = \pm k [A]^n$, onde n é a ordem da reação e k é a constante da velocidade da reação.

A velocidade de uma reação é diretamente proporcional ao produto das concentrações molares dos reagentes, para cada temperatura, elevada aos expoentes experimentalmente determinados.

Os expoentes que constam na lei irão determinar a ordem da reação.

EXERCÍCIO RESOLVIDO

15) Num laboratório foram efetuadas diversas experiências para a reação:
$$2 H_{2(g)} + 2 NO_{(g)} \rightarrow N_{2(g)} + 2 H_2O_{(g)}$$
que apresenta lei de velocidade = $K [H_2] [NO]^2$.
Qual a ordem de cada um dos reagentes, a ordem global da reação?

Solução

A ordem da reação é dada experimentalmente e, segundo a lei da velocidade nesta reação, o reagente H_2 é de 1ª ordem e o reagente NO é de 2ª ordem. A ordem global da reação é dada somando-se os expoentes. Então, neste caso, a reação é de 3ª ordem.

No entanto, em reações elementares, aquelas que ocorrem em uma única etapa, o coeficiente estequiométrico poderá ser considerado como expoente da reação.

EXERCÍCIO RESOLVIDO

16) Escreva a lei da velocidade da reação elementar $2N_2O_5 \rightarrow 4NO_2 + O_2$.

Solução

Neste caso, como se trata de uma reação elementar, a velocidade da reação pode ser calculada pela expressão $v = k[N_2O_5]^2$.

Podemos verificar a molecularidade em uma reação elementar. Molecularidade está relacionada com a quantidade de espécies reagentes e nos diz a ordem total da lei de velocidade (tabela 4.4).

TABELA 4.4 ETAPAS ELEMENTARES E SUAS LEIS DA VELOCIDADE

MOLECULARIDADE	ETAPA ELEMENTAR	LEI DA VELOCIDADE
unimolecular	A → produtos	velocidade = k[A]
bimolecular	A + A → produtos	velocidade = k[A]^2
bimolecular	A + B → produtos	velocidade = k[A][B]
termolecular	A + A + A → produtos	velocidade = k[A]^3
termolecular	A + A + B → produtos	velocidade = k[A]^2[B]
termolecular	A + B + C → produtos	velocidade = k[A][B][C]

Uma etapa termolecular de reação é bastante incomum.

EXERCÍCIO RESOLVIDO

17) O seguinte mecanismo é proposto para uma reação:

NO + Br$_2$ → NOBr$_2$ (lento)

NOBr$_2$ + NO → 2 NOBr (rápido)

Escreva a expressão de velocidade para cada etapa. Qual é a molecularidade de cada etapa da reação?

Solução

Equação nº 1: v = k[NO][Br$_2$] e equação nº 2: v = k[NOBr$_2$][NO]

Ambas são bimoleculares.

Vamos entender um pouco mais sobre a ordem das reações.

As reações de ordem zero são reações em que a velocidade é uma constante, independente da concentração do reagente. São sempre reações não elementares.

Uma reação de primeira ordem é aquela na qual a velocidade é diretamente proporcional à concentração do reagente.

$$v = -\frac{\Delta[A]}{\Delta t} = k[A]$$

Uma reação de segunda ordem é aquela na qual há uma dependência da velocidade com o quadrado da concentração do reagente.

$$v = -\frac{\Delta[A]}{\Delta t} = k[A]^2$$

EXERCÍCIO RESOLVIDO

18) A decomposição térmica da amônia é expressa pela equação:

$$2\ NH_3 \rightarrow N_{2(g)} + 3\ H_{2(g)}$$

Duplicando-se a concentração do $NH_{3(g)}$, como ficará a velocidade?

Solução

Ficará quatro vezes maior.

$v = K\ [NH_3]^2$

$v = K\ [2]^2$

$v = K.4$

De uma maneira geral, aumentando-se a temperatura do sistema, aumenta-se a energia das moléculas que participam de uma determinada reação, que tem a sua velocidade aumentada (figura 4.4). O efeito da temperatura sobre a velocidade das reações pode ser preliminarmente avaliado por meio da regra experimental de Van't Hoff: as velocidades das reações dobram ou triplicam para um aumento de 10 °C no valor da temperatura. Embora não se deva esperar que essa regra se aplique a todos os casos e para todas as faixas de temperatura. Substâncias diferentes podem ou não reagir.

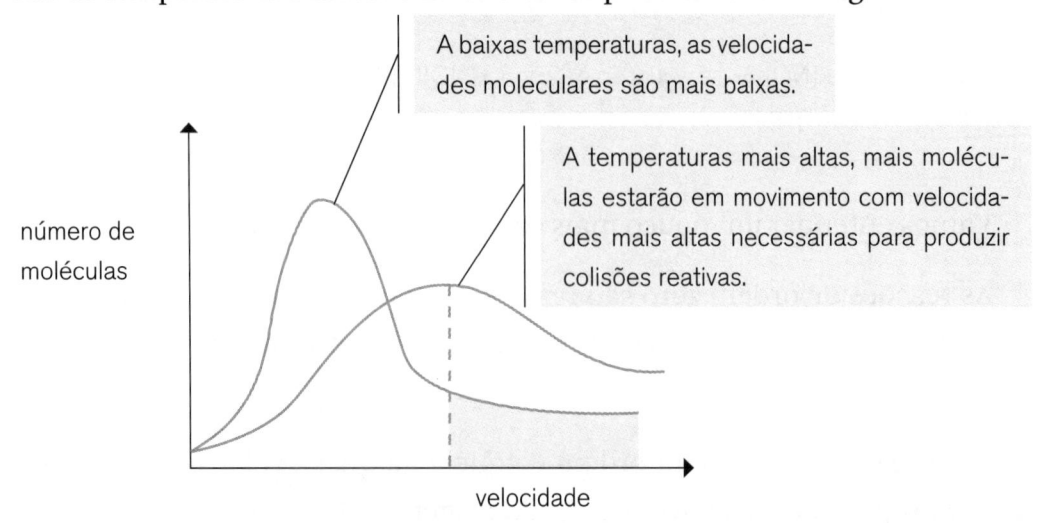

Figura 4.4 Distribuição Maxwell-Boltzmann das velocidades moleculares em gases

Quando ocorre reação, dizemos que existe uma afinidade entre os reagentes. E é muito difícil quantificar essa afinidade, mesmo quando sabemos que ela existe. O contato entre os reagentes permite que ocorram interações entre eles, originando os produtos. Contudo, todas as reações químicas ocorrem quando há rearranjo dos átomos que formam os reagentes. Esses rearranjos são ocasionados pela quebra de ligações entre os átomos dos reagentes e pela formação de novas ligações que irão originar os produtos.

No entanto, nem todos os choques entre as moléculas que compõem os reagentes resultam na formação de produtos; esses são os choques não eficazes. De modo semelhante, os choques que resultam numa reação são denominados choques eficazes ou efetivos. Para que eles existam, é necessário que a colisão ocorra em uma posição (geometria) privilegiada, favorável à quebra de ligações e à formação de outras.

Seja a reação entre as moléculas de hidrogênio e de iodo, representada pela equação química:

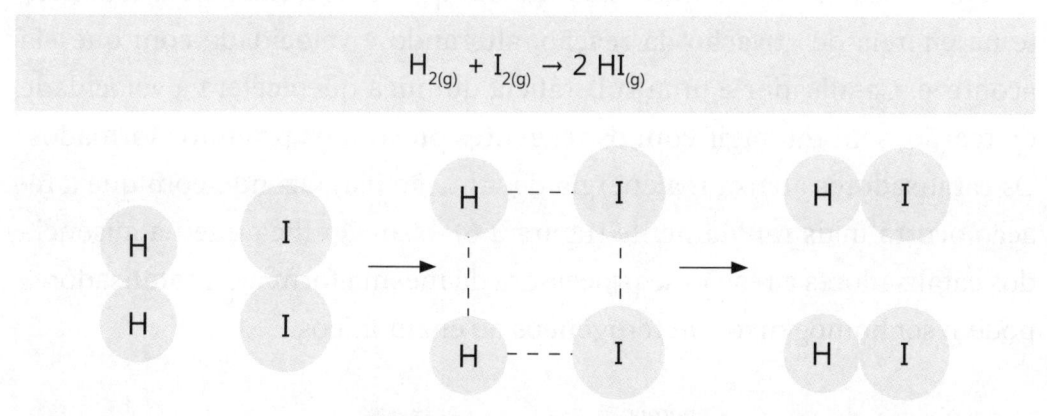

$$H_{2(g)} + I_{2(g)} \rightarrow 2\ HI_{(g)}$$

Figura 4.5 Complexo ativado

No momento em que ocorre o choque em uma posição favorável, forma-se uma estrutura intermediária entre os reagentes e os produtos, denominada complexo ativado.

O complexo ativado é o estado intermediário (estado de transição) formado entre reagentes e produtos, em cuja estrutura existem ligações enfraquecidas (presentes nos reagentes) e formação de novas ligações (presentes nos produtos).

Para que ocorra a formação do complexo ativado, as moléculas dos reagentes devem apresentar energia suficiente, além da colisão em geometria favorável. A essa energia denominamos energia de ativação (Ea).

Energia de ativação (Ea) é a menor quantidade de energia necessária que deve ser fornecida aos reagentes para a formação do complexo ativado e, consequentemente, para a ocorrência da reação.

Então, para que ocorra a formação do complexo ativado, as moléculas dos reagentes devem absorver uma quantidade de energia no mínimo igual à energia de ativação.

EXERCÍCIO RESOLVIDO

19) Para o sistema químico $N_2 + 3 H_2 \rightarrow 2 NH_3$, se a velocidade de desaparecimento de nitrogênio for de 3 mols/L, qual será a velocidade de desaparecimento de hidrogênio?

Solução
9 mols/L

A presença de catalisadores nas reações químicas influencia diretamente na energia de ativação da reação, alterando a velocidade com que ela acontece. Catalisador é uma substância química que acelera a velocidade da reação, sem interagir com os reagentes ou com os produtos formados. Os catalisadores abaixam a energia de ativação (Ea) fazendo com que a reação ocorra mais rapidamente (figura 4.6). Isso significa que na ausência dos catalisadores a reação se processará da mesma forma. Os catalisadores podem ser homogêneos, heterogêneos ou enzimáticos.

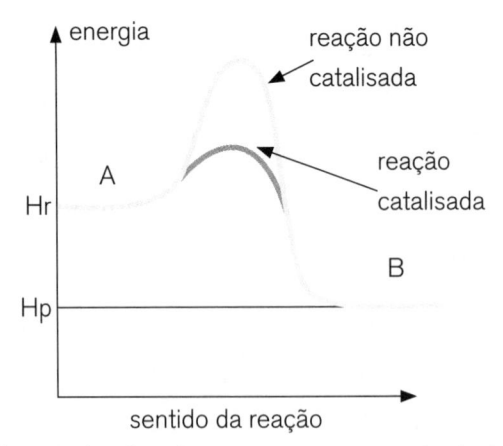

Figura 4.6 Energia de ativação na presença ou ausência do catalisador

Os catalisadores homogêneos são aqueles que estão na mesma fase das substâncias reagentes. Os heterogêneos estão em fases diferentes das espécies reagentes. Os catalisadores enzimáticos são as enzimas provenientes em sua grande maioria de microrganismos, como fungos e bactérias. Esse processo recebe o nome de biocatálise. Nos últimos anos, observa-se um emprego industrial crescente de processos biocatalíticos, principalmente em áreas como química fina e farmacêutica[2].

NOTAS

[2] GONÇALVES, Caroline da C.S. e MARSAIOLI, Anita J. *Fatos e tendências da biocatálise*. Química Nova, v. 36, nº 10, p. 1587-1590, 2013.

EXERCÍCIO RESOLVIDO

20) A reação de transesterificação para obtenção do biodiesel pode ser feita utilizando a catálise heterogênea. Qual é o papel do catalisador nessa reação?

Solução
Acelerar a reação por meio da diminuição da energia de ativação.

EXERCÍCIOS DE FIXAÇÃO

1) O dióxido de enxofre (SO_2), subproduto da queima de combustíveis fósseis como a gasolina e o óleo diesel, é um dos responsáveis pelo aumento na acidez da chuva quando reage com oxigênio gasoso (O_2) para formar trióxido de enxofre (SO_3), segundo a reação não balanceada $SO_2 + O_2 \rightarrow SO_3$. Atualmente no Brasil seu nível ambiental vem decrescendo em razão do maior controle das emissões e redução no teor de enxofre nos combustíveis. Qual a quantidade (g) de SO_3 que poderia ser formada se 2,61 g de SO_2 fossem empregados?
Dados: S = 32,1 g/mol; O = 16,0 g/mol

2) De acordo com a lei de Lavoisier, quando fizermos reagir completamente, em ambiente fechado, 1,12 g de ferro com 0,64 g de enxofre, a massa, em g, de sulfeto de ferro obtida será de: (Fe = 56; S = 32)
a) 2,76   b) 2,24   c) 1,76   d) 1,28   e) 0,48

3) Quantos mols de Cr existem em 2,16 mols de Cr_2O_3?
Dados: MA Cr = 52,0 u; O = 16,0 u

4) Quantos mols de oxigênio se obtêm por eletrólise de 648 g de água?
Eletrólise d'água: $H_2O \rightarrow H_2 + \frac{1}{2} O_2$
(Dado: massa molar d'água = 18 g/mol)

5) O metanol (CH_4O) ou álcool metílico é um composto químico encontrado na forma líquida. As porcentagens ponderais de 37,5% de C, 12,5% de H e 50,0 % de O combinam com a fórmula química do metanol?

6) Qual a massa (g) de 0,35 mols de cloreto de potássio (KCl)? (MM KCl= 74,6 g)

7) Faça o balanceamento das equações:
a) $SO_2 + O_2 \rightarrow SO_3$
b) $Fe_2O_3 + H_2 \rightarrow Fe + H_2O$

8) Considere a combustão do etanol (C_2H_6O), segundo a reação não balanceada:
$C_2H_6O + O_2 \rightarrow CO_2 + H_2O$
Dados: C = 12 g/mol; H = 1 g/mol; O = 16 g/mol
Responda:
a) Qual a massa de oxigênio gasoso (O_2) consumida quando se tem 92,0 g de C_2H_6O?
b) Qual a massa de CO_2 formada quando são consumidos 12,8 g de O_2?

9) Para uma reação de 2ª ordem, em que a concentração é dada em mol/L e o tempo é dado em segundos, a unidade da constante de velocidade será:
a) s^{-1}
b) $mol.L^{-1}.s^{-1}$
c) $mol^{-1}.L.s^{-1}$
d) $mol^{-2}.L^2.s^{-2}$
e) $mol^{-1}.L^{-2}.s^{-1}$

10) Uma determinada reação é de 2ª ordem em Cl_2 e de 1ª ordem em NO. Determine a lei de velocidade para essa reação.

IMAGENS DO CAPÍTULO

Cloreto de sódio © Dave Dyet | freeimagens.com – halita (sal) de Windsor, Ontário.
Lavoisier © Ra3rn | Dreamstime.com – gravura de Antoine Lavoisier (foto).
Petróleo © monob | freeimagens.com – exploração de petróleo em Catriel, prov. Rio Negro, Argentina.
Priestley © SimonHS | iStock.com – estátua de Joseph Priestley na área central da cidade de Leeds, West Yorkshire, Inglaterra.
Desenhos, gráficos e tabelas cedidos pelo autor do capítulo.

GABARITO

1) Primeiro devemos balancear a equação: $2\ SO_2 + O_2 \rightarrow 2\ SO_3$
Depois calcular 1 mol de SO_3 [32,1 + (16 x 3)] = 80,1 g e
   1 mol de SO_2 [32,1 + (16 x 2)] = 64,1 g
Na reação balanceada, 2 mols de SO_2 correspondem a 2 mols de SO_3
Logo: (64,1 x 2) g de SO_2 ----------- (80,1 x 2) g de SO_3
   2,61 g de SO_2 ----------- x g de SO_3

$x = \dfrac{2{,}61 \times 160{,}2}{128{,}2}$ x = 3,26 g de SO_3

2) c) 1,76

3) 1 mol de Cr_2O_3 ----------- 2 mols de Cr
   2,16 mols de Cr_2O_3 ------- x mols de Cr

$x = \dfrac{2{,}16 \times 2}{1}$ x = 4,32 mols de Cr

4) 18 g ------- ½ mol O_2
   648 g ------ x mols O_2

$x = \dfrac{648 \times 1/2}{18}$ x = 18 mols de O_2

5) Massa molar do CH_4O = 12 + (1 x 4) + 16 = 32 g

% C $\dfrac{12}{32}$ x 100   37,5 %

% H $\dfrac{4}{32}$ x 100   12,5 %

% O $\dfrac{16}{32}$ x 100   50,0 %

As massas ponderais combinam com a fórmula química do metanol.

6) 1 mol de KCl ------------ 74,6 g
   0,35 mols de KCl -------- x g

$x = \dfrac{0{,}35 \times 74{,}6}{1}$ x = 26,11 g de KCl

7) a) $2\ SO_2 + O_2 \rightarrow 2\ SO_3$
   b) $Fe_2O_3 + 3\ H_2 \rightarrow 2\ Fe + 3\ H_2O$

8) Primeiro devemos balancear a equação: $C_2H_6O + 3\ O_2 \rightarrow 2\ CO_2 + 3\ H_2O$
a) 1 mol de C_2H_6O [(12 x 2) + (1 x 6) + (16 x 1)] = 46 g
   1 mol de O_2 (16 x 2) = 32 g
Na reação, 1 mol de C_2H_6O corresponde a 3 mols de O_2.

Logo: 46 g C_2H_6O ------------ 96 g O_2
92,0 g de C_2H_6O ------- x g de O_2

$x = \dfrac{92,0 \times 96}{18}$ x = 192 g de C_2H_6O

b) Na reação, 3 mols de O_2 correspondem a 2 mols de CO_2.
Logo: 1 mol de CO_2 [12 + (16 x2)]= 44 g
96 g O_2 ------------ (44 x 2) g CO_2
12,8 g de O_2 ------- x g de CO_2

$x = \dfrac{12,8 \times 88}{96}$ x = 11,73 g de CO_2

9) b) $mol.L^{-1}.s^{-1}$

10) Velocidade = $k[Cl_2]^2 [NO]$

5 Soluções e unidades de concentração

MARILDA NASCIMENTO CARVALHO

Soluções e unidades de concentração

5.1 Misturas e soluções

A matéria é composta de misturas ou de substâncias. A maior parte das matérias encontradas consiste de misturas de diferentes substâncias. As substâncias que compõem uma mistura são chamadas *componentes* da mistura e elas mantêm suas próprias identidades químicas e, portanto, suas propriedades. Enquanto as substâncias puras têm composições fixas, as composições das misturas podem variar muito.

Uma mistura em que é possível identificar a presença de dois ou mais componentes é denominada mistura heterogênea. Algumas misturas heterogêneas podem parecer uniformes, mas com uma análise detalhada, através de lentes de aumento, por exemplo, se torna visível a presença de dois ou mais componentes.

Solução é uma mistura homogênea de duas ou mais substâncias (átomos, moléculas ou íons). O *soluto* é a substância em menor quantidade presente na solução, e o *solvente* é a substância existente em maior quantidade. Como o solvente mais abundante na natureza, a água possui uma das propriedades mais importantes que é a capacidade de dissolver uma grande variedade de substâncias. As soluções nas quais a água é o solvente são chamadas *soluções aquosas*. Nas soluções, as moléculas ou íons estão bem dispersos, de forma que a composição deles é a mesma em toda a amostra.

A formação de uma solução consiste na mistura de substâncias em nível molecular, tendo como requisito primordial a afinidade entre partículas da substância dispersa (soluto) e partículas do meio de dispersão (solvente). As forças que atuam entre soluto e solvente são de caráter essencialmente eletrostático e podem ser idênticas ou não às forças que atuam nos componentes puros da mistura. A formação de uma *solução* envolve uma mudança física, e não uma transformação química, tal como uma reação química. Em uma solução, os componentes individuais estão subdivididos em partículas de tamanho molecular e só podem ser separados por processos físicos, como por exemplo: por evaporação ou por cristalização.

As soluções podem existir em qualquer dos três estados da matéria – gasoso, líquido e sólido – do mesmo modo que os solutos e os solventes.

Soluções de sólidos em líquidos

As soluções de sólidos em líquidos, principalmente tendo a água como solvente, estão entre as mais comuns no laboratório e na indústria. Por essa razão, as propriedades e os aspectos estruturais dessas soluções são amplamente estudados. Quando um sólido se dissolve em um líquido, diferentes fatores devem ser considerados. No sólido, as moléculas ou íons estão dispostos em um arranjo organizado e as forças atrativas estão no seu máximo. Em princípio, para que as partículas do soluto entrem numa solução, as forças de atração soluto-solvente deverão ser suficientemente fortes para superar as forças atrativas que mantêm o sólido ligado. Por exemplo, consideremos a dissolução de cristais de $CoCl_2$ em água líquida (figura 5.1) à temperatura ambiente. Gradualmente os cristais começam a se dissolver na água, tornando-a avermelhada ao redor deles. Esse espalhamento ocorre porque as moléculas do cloreto de cobalto difundem-se da região de maior concentração (sólido) para a região de menor concentração (água). A maior solubilidade de um soluto em um solvente é uma consequência das forças intermoleculares que mantém unidas as moléculas desse solvente. Quando um soluto é muito solúvel em determinado solvente, as forças que mantêm este soluto organizado encontram-se mais fracas do que as forças de afinidade deste com o solvente. Assim, o valor da solubilidade aumenta.

Figura 5.1 Cloreto de cobalto ($CoCl_2$) em água

> **EXEMPLO**
>
> A gasolina e a água
>
> ©Marilda Carvalho
>
> Da esquerda para a direita tem-se gasolina e água e gasolina e álcool.

Soluções de líquidos em líquidos

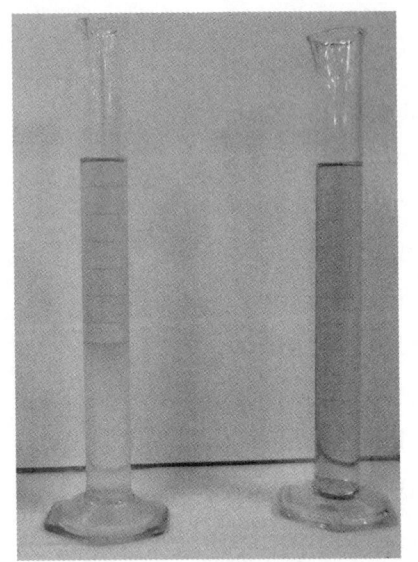

Existem muitos tipos de líquidos que formam soluções e, portanto, são completamente miscíveis. O álcool misturado à água é um bom exemplo de uma solução de líquido em líquido. Por outro lado, muitos líquidos não se misturam entre si para formar uma mistura homogênea, como, por exemplo, ***a gasolina e a água***. Tais líquidos são insolúveis uns nos outros ou imiscíveis e, portanto, não formam uma solução, e sim uma mistura heterogênea. Os diferentes limites de solubilidade dos diversos pares de líquidos dependem das diferenças nas suas atrações intermoleculares. Os líquidos que possuem estruturas moleculares análogas e, por isso, atrações intermoleculares semelhantes, são em geral, completamente miscíveis. Normalmente as soluções de líquidos completamente miscíveis possuem comportamento próximo das soluções ideais.

Soluções de gases em líquidos

Em princípio, todos os gases são solúveis em todos os líquidos, embora a saturação provavelmente ocorra em concentrações muito baixas. Considerando a água como solvente mais comum, dados experimentais revelam que a quantidade de um gás que se dissolve em uma quantidade de água depende de três fatores:

a) *natureza do gás*: Por exemplo, quando certos gases, como hidrogênio, oxigênio e nitrogênio, são colocados em contato com a água, uma pequena quantidade desses gases se dissolve formando uma solução. Eles são apenas fracamente solúveis na água porque a atração entre as moléculas não polares desses gases com as moléculas da água é muito fraca devido às forças que ligam as moléculas polares da água, então a variação da entalpia dessa mistura tem um grande valor positivo (desfavorável) em razão da grande parte da energia ser necessária para romper as fortes interações entre as moléculas polares da água.

b) *temperatura da solução*: A temperatura tem um efeito importante na quantidade de um gás que se dissolve em uma quantidade de água. Em geral, a solubilidade de todos os gases diminui à medida que a temperatura é aumentada. Dos vários fatores energéticos envolvidos na dissolução de um gás em água a mudança de temperatura é o que mais afeta, pois é desfavorável na condensação do gás e favorável no processo de mistura.

c) *pressão do gás acima da solução*: Quanto maior é a pressão de um gás em contato com um líquido, maior é a solubilidade desse gás.

Essas diferenças refletem simplesmente as diferentes forças das interações entre as moléculas do gás dissolvidas e as moléculas dos vários solventes líquidos. A temperatura e a pressão são importantes fatores, pois influenciam na variação de entropia total do processo de dissolução. Ao tratar da dissolução de um gás em líquido, devemos, portanto, levar em consideração a variação de entalpia (ΔH) através da equação fundamental:

$$\Delta G = \Delta H - T\Delta S$$

onde ΔG é a variação de energia livre e $T\Delta S$ é o termo energético associado à entropia. No equilíbrio, $\Delta G = 0$ e $\Delta H = T\Delta S$.

5.2 Solubilidade

A solubilidade do soluto é definida como a máxima quantidade de soluto que pode ser dissolvida em certa quantidade de solvente a uma dada temperatura. Quantitativamente, as substâncias podem ser classificadas como: solúveis, pouco solúveis ou insolúveis. A solubilidade molar de uma substância é a concentração molar de uma *solução saturada*, que é uma solução na qual o soluto dissolvido e o soluto não dissolvido estão em equilíbrio dinâmico.

★ EXEMPLO

Se adicionarmos uma quantidade pequena (10 g) de cloreto de sódio (NaCl) em 50 mL de água (figura 5.2a) e agitarmos, todo sal será dissolvido na água. Se adicionarmos, porém, 100 g de sal a essa mesma quantidade de água, parte do NaCl permanecerá sem se dissolver (figura 5.2b). Essa solução é uma solução saturada de NaCl.

Figura 5.2 (a) Quantidades de NaCl diferentes para ilustrar a solubilidade
(b) Solução saturada de NaCl

Dizemos que uma solução está saturada quando o solvente dissolveu todo o soluto possível a uma determinada temperatura.

Dissolução

A dissolução é o termo relacionado com o ato de misturar um soluto em solvente. A água é considerada o solvente universal para solutos polares; dessa forma, o solvente tem que superar as fortes forças atrativas entre cátions e ânions (ligação iônica) no retículo cristalino, para que haja dissolução. Quando um soluto é colocado em contato com um solvente, a velocidade da dissolução depende principalmente dos seguintes fatores:

a) *natureza do soluto e do solvente*: Por exemplo, se o soluto e o solvente forem dois gases, eles se misturam instantaneamente; entretanto, se o soluto forem dois líquidos parcialmente miscíveis um no outro, é necessário um tempo bem maior para que o equilíbrio se estabeleça.

b) *o tamanho de partícula do soluto*: Quanto mais finamente dividido for o soluto, maior será a velocidade da dissolução, porque maior superfície do soluto está em contato com o solvente.

c) *a temperatura*: O aumento da temperatura sempre aumenta a velocidade da dissolução de qualquer soluto em qualquer solvente; a temperatura aumenta a energia cinética das partículas do soluto que passa mais rapidamente para a solução.

d) *a intensidade de agitação da mistura soluto-solvente*: Quando a mistura de um solvente com um soluto é agitada, os cristais do soluto são postos em contato mais efetivo com o solvente e a velocidade da dissolução aumenta consequentemente.

Assim, a agitação (força motriz) da mistura aumenta o contato superficial entre o soluto e o solvente, favorecendo a dissolução.

5.3 Concentrações das soluções e as unidades usuais

A concentração de soluções, na maioria dos casos, é expressa pela quantidade de soluto em massa por volume de solução ou de solvente.

Os químicos expressam as concentrações de espécies em solução de várias maneiras. As mais importantes são descritas nesta seção.

Concentração molar

A concentração molar (C_x) de um soluto em uma solução contendo a espécie química x é dada pelo número de mols da espécie que está contida em 1 L de solução (*e não em 1 L do solvente*). A unidade da concentração molar é a *molaridade* (M), que tem as dimensões mol/l. A molaridade também pode ser expressa pelo número de milimols de um soluto por mililitro de solução.

$$C_x = \frac{\text{quantidade de soluto (mol)}}{\text{volume da solução (L)}} \text{ ou } \frac{\text{quantidade de soluto (mmol)}}{\text{volume da solução (mL)}}$$

A concentração molar é uma escala de concentração de soluções extremamente útil para diversos experimentos de química geral. A figura 5.3 mostra uma solução de sulfato de cobre um molar ($CuSO_4.5H_2O$ 1M). Em análise eletroquímica, esta solução é utilizada para a medição do potencial padrão da célula de Daniell, assunto estudado no capítulo referente à eletroquímica.

Figura 5.3 Solução de $CuSO_4$ 1 M

EXERCÍCIO RESOLVIDO

1) Qual a concentração molar de uma solução contendo 21,0 g de CH_3OH em 300 cm³ de solução? (massa molar do CH_3OH é 32,0)

Solução

$$M = \text{concentração molar} = \frac{n_{(soluto)}}{\text{volume da solução em L}} = \frac{21,0 \text{ g} / 32,0 \text{ g/mol}}{0,300 \text{ L}} = 2,18 \frac{\text{mol}}{\text{L}}$$

Diluição

A diluição é a adição de solvente a certo volume de uma solução que está mais concentrada. A diluição de soluções permite um controle preciso sobre as concentrações das soluções. Normalmente são utilizados instrumentos de medição de volumes exatos e calibrados, como buretas, pipetas volumétricas ou pipetadores com certificados de calibração (figura 5.4).

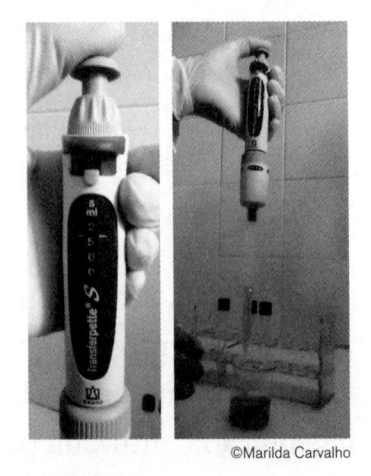

Figura 5.4 Pipetador com certificado de calibração

A partir da diluição de uma solução concentrada são obtidas concentrações mais diluídas. A figura 5.5 mostra soluções de cloreto de cobalto ($CoCl_2$) diluídas preparadas a partir de uma solução estoque.

©Marilda Carvalho

Figura 5.5 Solução estoque 100 mol.L⁻¹ $CoCl_2$; 0,1 mol.L⁻¹; 0,25 mol.L⁻¹ e 1 mol.L⁻¹
(da direita para a esquerda)

Uma prática comum, em química, para economizar espaço é armazenar uma solução na forma concentrada, denominada *solução estoque*, e, então, quando necessário, diluí-la até a concentração desejada. Para calcular o volume de uma solução estoque necessário para uma determinada diluição, utiliza-se a seguinte relação, em que C_i é a concentração da solução estoque e C_f é a concentração da solução desejada.

$$C_i \times V_i = C_f \times V_f$$

C – concentração [mol.L⁻¹] ou [kg.m⁻³]
V – volume [L] ou [m³]

EXERCÍCIO RESOLVIDO

2) Determine o volume de álcool a 95% em massa, cuja densidade é de 0,809 g/cm³, que deverá ser usado para preparar 150 cm³ de uma solução a 30% em massa de densidade 0,957 g/cm³.

Solução
Cálculo da massa de álcool nas soluções:
massa de álcool por cm³ na solução a 95% = (0,95) (0,809 g/cm³) = 0,77 g/cm³
massa de álcool por cm³ na solução a 30% = (0,3) (0,957 g/cm³) = 0,29 g/cm³

Cálculo do volume:

$$C_i \times V_i = C_f \times V_f$$

$$\frac{0,77 \text{ g}}{\text{cm}^3} V_i = 0,29 \frac{\text{g}}{\text{cm}^3} \cdot 150 \text{ cm}^3 = 56 \text{ cm}^3$$

Molalidade (mol/kg)

A *molalidade* (m) de uma solução é o número de mols de soluto por quilograma de solvente contido na solução.

$$\text{molalidade do soluto (m)} = \frac{\text{quantidade do soluto (mol)}}{\text{massa de solvente (kg)}}$$

A escala de molalidade é muito útil para experimentos nos quais medidas físicas, como ponto de congelamento, ponto de ebulição, pressão do vapor, entre outros, são realizadas em ampla faixa de temperaturas.

EXERCÍCIO RESOLVIDO

3) A molalidade de uma solução de álcool etílico (C_2H_5OH) em água é 1,54 mol/kg. Quantos gramas de álcool são dissolvidos em 3,0 kg de água?

Solução

A massa molar do C_2H_5OH é 46,1. Uma vez que a molalidade é 1,54, 1 kg de água dissolve 1,54 mol de álcool, portanto 3,0 kg de água dissolvem (3,0).(1,54) = 4,62 mol de álcool.
Cálculo da massa do álcool.

Massa de álcool = 4,62 mols x 46,1 g/mol = 212,98 g de álcool

Fração molar

É definida pelo número de mols de um componente particular da solução divido pelo número total de mols de todas as substâncias presentes na mistura. No caso de uma solução formada por um soluto (a) e um único solvente (b), podemos expressar as frações molares em termos de soluto ou em termos de solvente, como segue:

$$X_{soluto} = \frac{n_{a\,(soluto)}}{n_{a\,(soluto)} + n_{b\,(solvente)}} \qquad X_{solvente} = \frac{n_{a\,(solvente)}}{n_{a\,(soluto)} + n_{b\,(solvente)}}$$

A escala de fração molar encontra uso no trabalho teórico, pois muitas propriedades físicas das soluções são expressas mais claramente em termos de número relativo de moléculas de soluto e de solvente (o número de mols de uma substância é proporcional ao número de moléculas).

EXERCÍCIO RESOLVIDO

4) Uma solução contém 56 g de glicerina [$C_3H_5(OH)_3$] e 32 g de água [H_2O]. Calcule a fração molar da glicerina e da água na solução. Considere a massa molar da glicerina 92 g/mol e da água 18 g/mol.

Solução

Cálculo do número de mols:

$$n_{[C_3H_5(OH)_3]} = \frac{56\ g}{92\ g/mol} = 0{,}6\ g$$

$$n_{[H_2O]} = \frac{32\ g}{18\ g/mol} = 1{,}77$$

Número total de mols: 0,6 + 1,77 = 2,37

Cálculo da fração molar:

$$x_{[C_3H_5(OH)_3]} = \text{fração molar da glicerina} = \frac{n_{[C_3H_5(OH)_3]}}{\text{número total de mols}} = \frac{0{,}6}{2{,}37} = 0{,}25$$

$$x_{[H_2O]} = \text{fração molar da água} = \frac{n_{[H_2O]}}{\text{número total de mols}} = \frac{1{,}77}{2{,}37} = 0{,}75$$

Observe que a soma das frações molares deve somar 1.

$$x_{[C_3H_5(OH)_3]} + x_{[H_2O]} = (0{,}25 + 0{,}75) = 1\ g$$

Concentração percentual

Com frequência os químicos expressam concentrações em termos de porcentagem (partes por cem). Infelizmente, essa prática pode ser uma fonte de ambiguidade, pois a composição porcentual de uma solução pode ser expressa de várias maneiras. Três métodos comuns são:

1	percentual em massa (m/m) =	$\dfrac{\text{massa do soluto}}{\text{massa da solução}} \times 100\%$
2	percentual em volume (V/V) =	$\dfrac{\text{volume do soluto}}{\text{volume da solução}} \times 100\%$
3	percentual em massa por volume (m/V) =	$\dfrac{\text{massa do soluto}_g}{\text{volume da solução}_{mL}} \times 100\%$

Note que o denominador em cada uma das expressões refere-se à *solução*, em vez do solvente. Observe também que as duas primeiras expressões não dependem das unidades empregadas (contanto, obviamente, que haja consistência entre o numerador e o denominador). Na terceira expressão, as unidades precisam ser definidas, uma vez que o numerador e o denominador têm diferentes unidades, que não podem ser canceladas. Das três expressões, apenas o percentual em massa tem a virtude de ser independente da temperatura.

- O percentual em *massa* é frequentemente empregado para expressar a concentração de reagentes aquosos comerciais.
- O percentual em *volume* é comumente usado para especificar a concentração de um soluto preparado pela diluição de um composto líquido puro em outro líquido.
- O percentual em *massa/volume* é geralmente empregado para indicar a composição de soluções aquosas diluídas de reagentes sólidos.

Partes por milhão e partes por bilhão

Existem situações em que as concentrações apresentam valores tão pequenos que exigem uma outra forma de expressão; por exemplo, o teor de poluentes atmosféricos ou o teor de impurezas presentes em substâncias sintetizadas em laboratórios. Em tais situações, é comum expressar essas concentrações em parte por milhão (ppm) ou parte por bilhão (ppb). Uma concentração expressa em ppm significa que existe 1 g de soluto em 1×10^6 g de solvente, conforme a expressão:

$$C_{ppm} = \frac{\text{massa do soluto}}{\text{massa da solução}} \times 10^6_{ppm}$$

em que C_{ppm} é a concentração em partes por milhão.

⭐ EXEMPLO

Se em uma avenida de tráfego intenso for registrado um teor de monóxido de carbono (CO) no ar atmosférico de **80 ppm**; significa que para cada **1** milhão de **g** de ar atmosférico existem **80 g** de monóxido de carbono.

No caso das soluções aquosas, podemos dizer que **1 ppm** equivale a **1 mg** de soluto por **dm³** de solução, isto é, que **1ppm = 1 mg/L**.

Para soluções ainda mais diluídas, substitui-se 10^6 por 10^9 na equação anterior para fornecer o resultado em partes por bilhão (**ppb**).

Propriedades coligativas das soluções

Um modo de estudar as mudanças de estado envolve as curvas de aquecimento ou congelamento, nas quais a temperatura é considerada em relação ao tempo, e as variações e constância dos valores da temperatura podem ser relacionadas com o fornecimento ou remoção de calor e com as variações decorrentes das energias potencial e cinética das moléculas.

Um diagrama de fases de um componente consiste em um gráfico que resume as relações de fases exibidas por uma substância. Em um diagrama de fases, as áreas entre as curvas representam as condições de pressão e temperatura sob as quais uma fase específica é estável. As curvas representam os valores de pressão e temperatura nas quais duas fases podem existir em equilíbrio. E um ponto formado pela interseção das curvas representa uma condição de temperatura-pressão especial, na qual três fases podem existir em equilíbrio.

O diagrama de fases (figura 5.6) de um determinado componente mostra as condições sobre as quais uma fase simples é estável e aquelas sobre as quais duas ou mais fases podem estar em equilíbrio entre si.

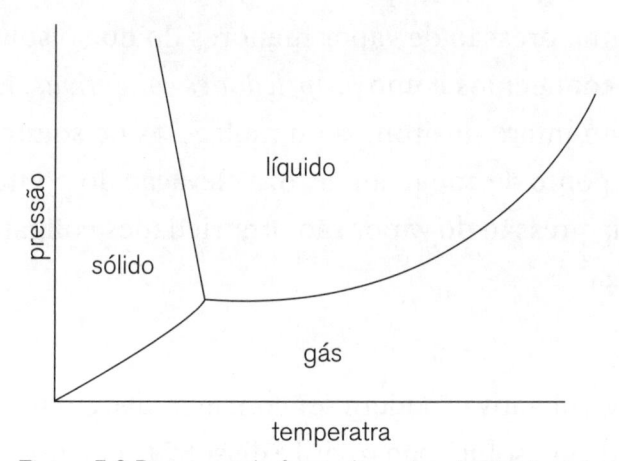

Figura 5.6 Diagrama de fases de uma substância pura

Os diagramas podem ser construídos para sistemas com mais de um componente, em que outras variáveis, além da temperatura e pressão, podem algumas vezes ser utilizadas, mas consideraremos aqui somente os diagramas de fases temperatura-pressão para sistemas de um único componente.

No diagrama de fases para qualquer substância (figura 5.7), a região do líquido é nitidamente separada da região do gás somente em temperaturas abaixo da temperatura crítica e a pressões abaixo da pressão crítica.

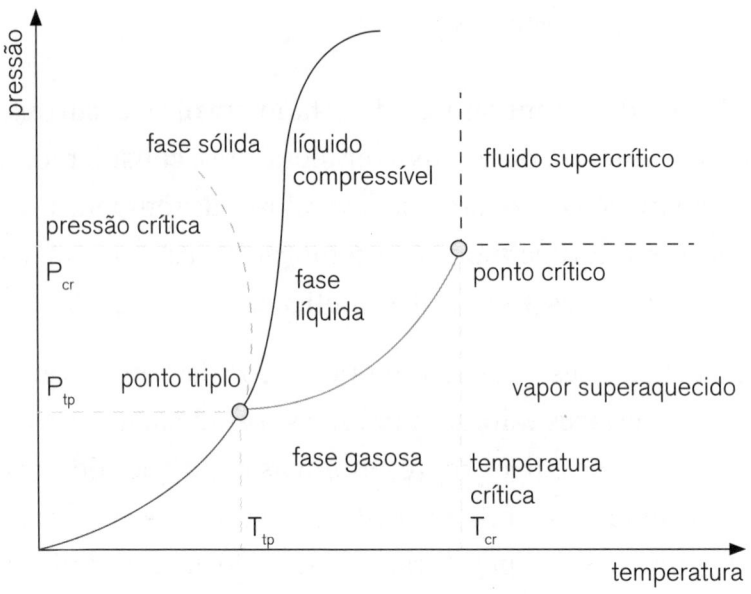

Figura 5.7 Diagrama de fases de uma substância pura indicando o ponto crítico

Algumas das propriedades físicas das soluções são alteradas em função da concentração do soluto. Em outras palavras, estas variações são dependentes do número de partículas dos solutos e independentes de sua natureza química. Uma solução formada pela adição de um soluto não volátil a um solvente possui um ponto de congelamento menor, um ponto de ebulição e uma pressão de vapor menores do que o solvente puro. Esses efeitos são conhecidos como *propriedades coligativas*. Elas dependem unicamente do número de átomos ou moléculas de soluto na solução. A diminuição do ponto de congelamento, a elevação do ponto de ebulição e a diminuição da pressão do vapor são propriedades coligativas importantes das soluções.

Pressão de vapor

As propriedades coligativas podem ser consideradas em termos da pressão de vapor. Quando um soluto não volátil é dissolvido em um solvente líquido, a pressão de vapor do solvente é diminuída. A pressão de vapor de um líquido puro depende da tendência das moléculas em escapar de sua superfície e, consequentemente, sua pressão de vapor também diminui. A variação da pressão de vapor pode ser calculada por:

$$\Delta p = p_s^\circ - p$$

Em que p_s° é a pressão de vapor do solvente puro e p é a pressão de vapor da solução.

Foi verificado experimentalmente que, a qualquer temperatura considerada, a pressão de vapor p de uma solução diluída, da qual só se vaporiza o solvente, é igual à pressão de vapor do solvente puro $p_s^°$, à mesma temperatura, multiplicada pela fração molar do solvente:

$$p = p_s^° \cdot X_s$$

Em que $p_s^°$ é a pressão de vapor do solvente puro e X_s é a fração molar do solvente, que pode ser representada por:

$$X_{solvente} = \frac{n_{solvente}}{n_{solvente} + n_{soluto}}$$

COMENTÁRIO

Bolhas

As pequenas bolhas de gás que geralmente se formam quando um líquido é aquecido são meras bolhas de ar provenientes da solução. As bolhas de gás formadas durante a ebulição crescem muito mais rapidamente à medida que as bolhas sobem para a superfície.

EXEMPLO

Se 10% das moléculas numa solução são de soluto não volátil, a pressão de vapor da solução é 10% menor do que a do solvente puro. Isso ocorre porque a superfície da solução contém 10% de moléculas não voláteis e 90% de moléculas voláteis do solvente.

Se um líquido for aquecido a uma temperatura suficientemente elevada, a tendência ao escape de suas moléculas torna-se tão grande que ocorre a ebulição.

A ebulição consiste na formação de **_bolhas_** de vapor (gás) no corpo do líquido. Essas bolhas são formadas quando a pressão de vapor do líquido torna-se igual à pressão externa exercida sobre o líquido pela atmosfera. O ponto de ebulição de um líquido é a temperatura na qual a pressão de vapor do líquido é igual à pressão externa ou pressão atmosférica.

Em razão de os pontos de ebulição dependerem da pressão externa, aquele geralmente especificado para uma substância é o ponto de ebulição normal, definido como a temperatura na qual a pressão de vapor do líquido é igual à pressão atmosférica (pressão-padrão). Na figura 5.8, uma linha horizontal tracejada foi representada em P = 1 atm.

A temperatura na qual a curva da pressão de vapor para cada líquido atravessa esta linha corresponde ao ponto de ebulição normal dele.

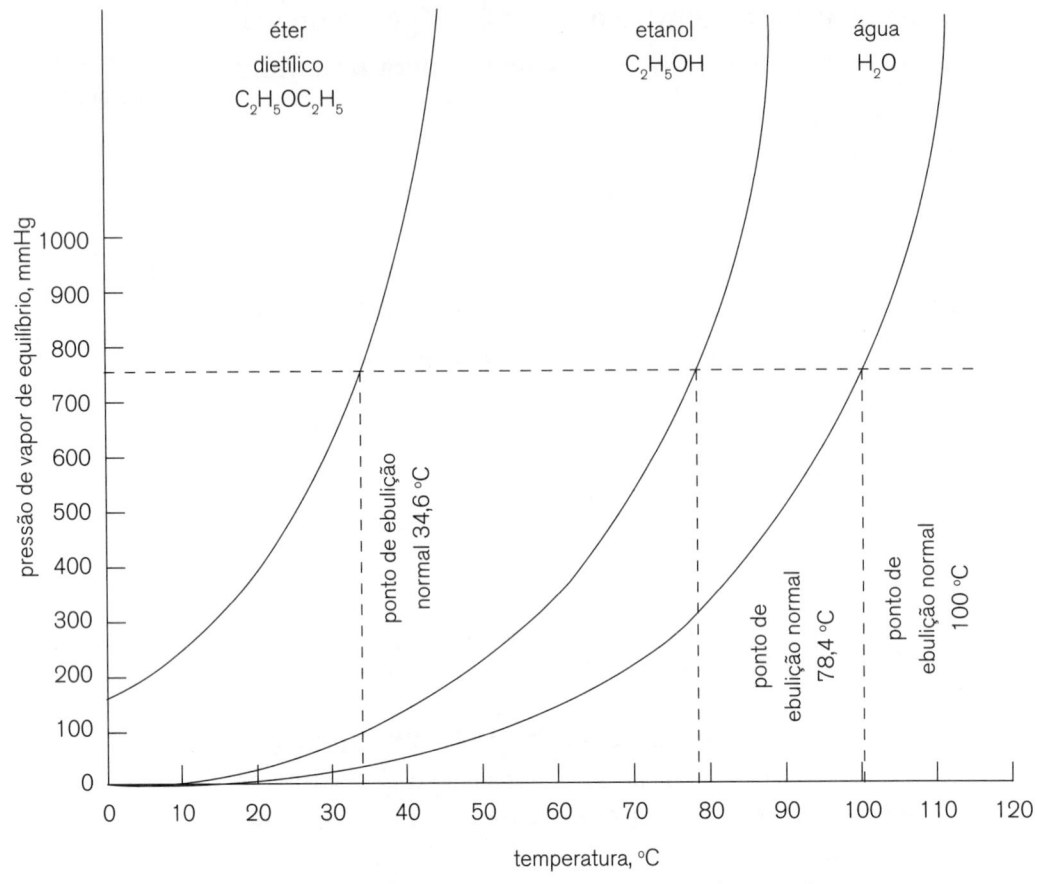

Figura 5.8 Variação da pressão de vapor com a temperatura

Ponto de ebulição

Um líquido entra em ebulição quando sua pressão de vapor excede a pressão da atmosfera. Dessa forma, observamos que no exemplo anterior a solução com uma menor pressão de vapor poderá ter um maior ponto de ebulição do que o ponto de ebulição do solvente puro. A solução com a pressão de vapor diminuída não entra em ebulição até que tenha sido aquecida acima do ponto de ebulição do solvente. Cada solvente tem uma constante de ebulição própria e característica (tabela 5.1). A constante de elevação do ponto de ebulição tem por base uma solução que contém um mol de partículas por quilograma do solvente.

★ EXEMPLO

Um aumento de 0,5 °C em um ponto de ebulição de uma solução contendo 1 mol de um determinado soluto por quilograma de água significa que essa solução aquosa entrará em ebulição a 100,5 °C.

TABELA 5.1 PONTO DE CONGELAMENTO E CONSTANTE DE ABAIXAMENTO DO PONTO DE CONGELAMENTO DE ALGUNS SOLVENTES

SOLVENTE	PONTO DE CONGELAMENTO DO SOLVENTE PURO (°C)	CONSTANTE DE ABAIXAMENTO DO PONTO DE CONGELAMENTO (°C*KG/MOL)
água	0,0	1,86
ácido acético	16,6	3,90
benzeno	5,5	5,1
clorofórmio	-63,5	4,68

EXERCÍCIO RESOLVIDO

5) Calcule a pressão de vapor, 80,2 °C, de uma solução que contenha exatamente 0,200 mol de um soluto não volátil, não dissociado, em 250 g de benzeno (1 mol = 78,1 g). A pressão de vapor do benzeno a 80,2 °C é 760 mm Hg.

Solução

$p = p_s^° \cdot X_s$

Em que $p_s^°$ é a pressão de vapor do benzeno puro e X_s é a fração molar do benzeno, que pode ser representada por:

$$p = p_s^° \times \left[\frac{n_{solvente}}{n_{solvente} + n_{soluto}}\right]$$

$$p = 760 \text{ mm Hg} \times \left[\frac{\frac{250g}{78,1 \text{ mol}^{-1}}}{\left(\frac{250g}{78,1 \text{ mol}^{-1}}\right) + 0,200 \text{ mol}}\right]$$

Colocando a unidade mol em numerador em cada equação, temos:

$$p = 760 \text{ mm Hg} \times \left[\frac{250 \text{ g} \times \frac{1 \text{ mol}}{78,1 \text{ g}}}{\left(250 \text{ g} \times \frac{1 \text{mol}}{78,1 \text{ g}}\right) + 0,200 \text{ mol}} \right] = 778 \text{ mm Hg}$$

Ponto de congelamento

O comportamento de uma solução quanto ao congelamento pode também ser considerado em termos de diminuição da pressão de vapor. Observando a figura 5.9, o ponto de congelamento da água está na interseção das curvas de pressão de vapor da água e do gelo, isto é, onde a água e o gelo têm a mesma pressão de vapor.

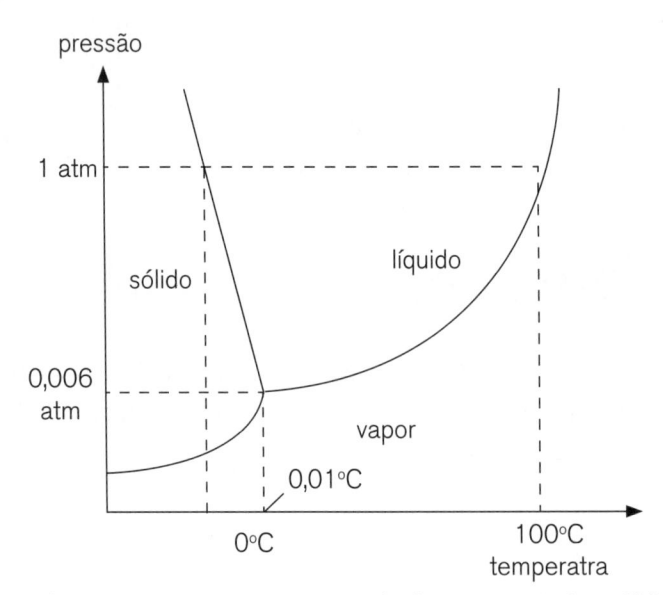

Figura 5.9 Variação da pressão com a temperatura da água nos estados sólido, líquido e vapor

O abaixamento do ponto de congelamento e a elevação do ponto de ebulição são diretamente proporcionais ao número de mols do soluto por quilograma do solvente. A diminuição observada no ponto de congelamento pode ser determinada pela seguinte equação:

$$\Delta T_c = K_c \times \frac{\text{moles do soluto}}{\text{kg do solvente}} = K_c \times \frac{\text{g do soluto}}{\text{peso molecular do soluto}} \times \frac{1}{\text{kg do solvente}}$$

Em que K_c é a constante do abaixamento do ponto de congelamento e ΔT_c, a diminuição do ponto de congelamento.

Analogamente, para calcular a elevação do ponto de ebulição, a seguinte relação é válida:

$$\Delta T_e = K_e \times \frac{\text{moles do soluto}}{\text{kg do solvente}} = K_e \times \frac{\text{g do soluto}}{\text{peso molecular do soluto}} \times \frac{1}{\text{kg do solvente}}$$

Em que K_e é a constante da elevação do ponto de ebulição do solvente e ΔT_e, a elevação do ponto de ebulição.

EXERCÍCIO RESOLVIDO

6) Uma solução preparada com 3,25 g de um determinado soluto de peso molecular desconhecido e 100 g de água destilada apresentou um ponto de congelamento –1,46 °C. Determine o peso molecular do soluto.
Dados: Kc = 1,86 °C/ mol/ Kg

Solução

O ponto de congelamento da solução foi de ΔT_c = 1,46 °C.
Utilizando a equação y do K_c

peso molecular do soluto = $1,86 \times \frac{3,25}{1,46} \times \frac{1}{1,46} = 41,4 \frac{g}{mol}$

EXERCÍCIOS DE FIXAÇÃO

Concentrações de soluções

1) Uma solução aquosa contendo 150 mL de CH_3CO_2Na 0,200 M é diluída até 0,500 L. Qual a concentração de ácido acético após atingido o equilíbrio?

2) Qual a molalidade de uma solução preparada pela dissolução de 2,7 g de CH_3OH em 25 g de H_2O?

3) Calcule a molalidade de uma solução de hidróxido de sódio preparada pela mistura de 100 mL NaOH 0,20 M com 150 mL.

4) Calcule a molalidade de uma solução que contenha 10 g de HCl em 100 mL da solução. (Dados: 1 mol HCl = 36,5 g)

5) Calcule a massa em gramas de ácido acético (CH_3COOH) necessária para preparar 5 L de uma solução 6 M.

6) Qual a molaridade de uma solução de ácido acético (CH_3COOH) em 250 mL de solução?

7) Suponha que 2,5 mL de uma solução de nitrato de prata ($AgNO_3$) a 20% foram utilizados para precipitar o cloreto em uma amostra de água salobra. Qual a massa de $AgNO_3$ se sua densidade é de 1,19 g/mL.

8) Qual a molaridade de uma solução pela dissolução de 2 g de $KClO_3$ em água suficiente para completar 150 mL de solução?

9) Quantos gramas de ácido acético ($HC_2H_3O_2$) são necessários para preparar 5 L de solução 6,0 M?

10) Uma solução contém 0,2 mol de glicerol dissolvidos em 500 g de água. Determine o ponto de ebulição normal (ponto de ebulição a 760 torr) desta solução.

11) Calcule o ponto de congelamento de uma solução que contenha 0,2 mol de um soluto não dissociado em 1,2 g de benzeno. O ponto de congelamento do benzeno é de 5,5 °C e a constante de ponto de congelamento molal do benzeno é 5,12 °C.

REFERÊNCIAS BIBLIOGRÁFICAS

ATKINS, P. W.; JONES, Loretta. *Princípios de química:* questionando a vida moderna e o meio ambiente. 5. ed. Porto Alegre: Bookman, 2011.

BRADY, J. E; RUSSELL, J. W.; HOLUM, J. R. *Química:* a matéria e suas transformações. v. 1, 3. ed. Rio de Janeiro: LTC Editora, 2002.

BROWN, T. L. *et al*. *Química, a ciência central*. 9. ed. São Paulo: Pearson Prentice Hall, 2005.

BUENO, W. *et al*. *Química geral*. São Paulo: McGraw-Hill do Brasil, 1978.

CHANG, Raymond. *Química geral:* conceitos essenciais. 4. ed. Porto Alegre: Bookman, 2006.

GLINKA, N. *Problemas e exercícios de química geral*. Moscou: Mir, 1987.

KOTZ, J. C.; TREICHEL, Jr. P. *Química e reações químicas*. v. 1 e 2, 6. ed. Pioneira Thomson Learning, 2005.

McCLELLAN, A. L. *Guia do professor para química:* uma ciência experimental. Fundação Calouste Gulbenkian, 1984.

MORRIS, Hein. *Fundamentos de química*. Rio de Janeiro: Campus, 1983.

ROSENBERG, Jerome *et al*. *Teoria e problemas de química geral*. 9. ed. Porto Alegre: Bookman, 2013.

RUSSEL, J.B. *Química geral*. v. 1, 2. ed. São Paulo: Makron Books, 1994.

SIENKO, Michell J.; PLANE, Robert A. *Química*. 2. ed. São Paulo: Biblioteca Universitária, 1968.

IMAGENS DO CAPÍTULO

Desenhos, imagens, gráficos e tabelas cedidos pelo autor do capítulo.

GABARITO

1) $5{,}77 \times 10^{-6}$ mol.L^{-1}
2) 3,38 m
3) 0,08 M
4) 0,247 mol
5) 1.800 g
6) 5,6 M
7) 0,596 g
8) 0,109 M
9) 1.800 g
10) 100,21 °C
11) 4,65 °C

6 Fundamentos de termodinâmica química

NÉLIA DA SILVA LIMA

6 Fundamentos de termodinâmica química

6.1 A natureza da energia e sua conservação

No capítulo 1 foi descrito que para que ocorram transformações ocasionadas por combinações ou interações é necessário que haja *energia* sendo transferida, absorvida ou mesmo transformada. Na verdade, "quase todas as transformações químicas e físicas são acompanhadas de uma *variação de energia*". (BRADY, 2009) Observa-se que tudo à nossa volta está em constante transformação como, por exemplo, nosso corpo, que requer energia do metabolismo dos alimentos para realizar as atividades do cotidiano; equipamentos que nos trazem certa comodidade dependem da energia vinda das pilhas e baterias, e mesmo a energia obtida a partir da energia potencial de uma massa de água num desnível de um curso é clara demonstração de aproveitamento e transformação da energia.

A palavra energia, etimologicamente, tem origem no grego, na qual ερyos (ergos) significa "trabalho, ação". Portanto, se forem tomadas como exemplos as afirmações do parágrafo anterior, um conceito atual define energia como *capacidade de realizar trabalho*. No século XVIII, o químico Antoine Laurent Lavoisier, célebre por seus estudos sobre a conservação da matéria, enunciou a lei que ficou conhecida como *Lei de conservação das massas* que afirma:

> "Numa reação química que ocorre em um recipiente fechado, a soma das massas dos reagentes é igual à soma das massas dos produtos."

Mais tarde, o enunciado ficou conhecido simplesmente por:

> "Na natureza nada se cria, nada se perde, tudo se transforma",

envolvendo, além das transformações da matéria, transferência de energia, como o exemplo que menciona a conversão da energia potencial da queda d'água em energia mecânica através das turbinas hidráulicas (figura 6.1).

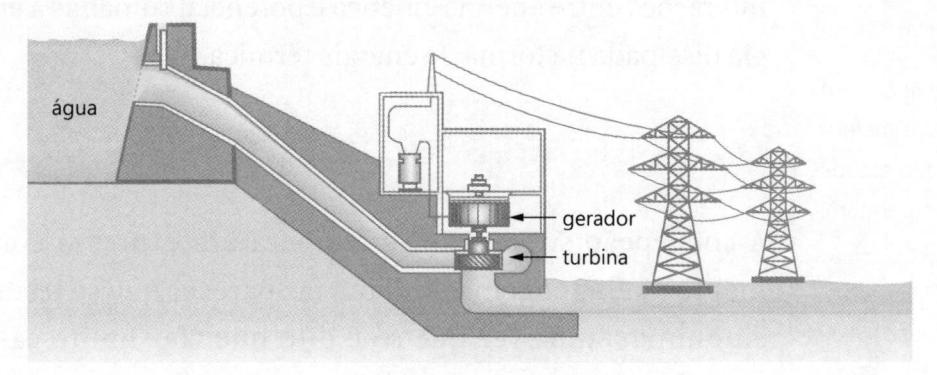

Figura 6.1 Representação esquemática do funcionamento de uma usina hidrelétrica

A energia potencial em conjunto com a energia cinética acionam uma turbina e assim são convertidas em energia mecânica; esta, por sua, vez aciona um gerador que converte a energia mecânica em energia elétrica e abastece a rede de transmissão.

Como em certas reações químicas é possível que traços dos reagentes permaneçam sem serem convertidos em produtos, surge a dúvida se a energia será totalmente convertida e aproveitada. Considerando um sistema simplesmente formado por uma bola que provoca compressão e distensão de uma mola, a bola munida de energia cinética provocará inicialmente uma compressão da mola até que sua energia seja totalmente convertida em energia potencial elástica, e a mola, por sua vez, distender-se-á transferindo a energia potencial novamente à bola, que ganha energia cinética. Essa noção de aproveitamento e transferência de energia é denominada *lei da conservação de energia*. Embora, em condições reais, o atrito na bola ou mesmo a compressão irregular da mola possam não aproveitar integralmente a transferência de energia e parte dela ser dissipada, o conceito de conservação de energia é preservado quando se admite que o balanço de energia será composto pela energia mecânica (cinética e potencial) e a energia dissipada. "Um dos fatos mais importantes sobre a energia é que *ela não pode ser criada nem destruída; a energia só pode ser transformada de uma forma para outra.*" (BRADY, 2009)

No setor industrial, as máquinas e equipamentos, em virtude do atrito em suas engrenagens, sofrem aquecimento e dissipam energia na forma de energia térmica. Uma vez que a matéria é constituída por um conjunto de átomos, a energia térmica provoca um aumento na vibração das ligações das moléculas dos materiais que compõem as engrenagens, ou seja, a conservação da

> ⭐ **EXEMPLO**
>
> Fluxo da direção de energia
>
> Um líquido com maior temperatura que a pedra de gelo irá transferir energia para o gelo até que ambos estejam com a mesma temperatura.
>
> © Hyrman
>
> Em síntese, esse fluxo de energia somente ocorre quando há diferença de temperatura e ele será transferido de um sistema com maior temperatura para um outro com menor temperatura.

energia interna em um sistema fechado será composta pelas interações entre energia cinética e potencial somadas à energia dissipada na forma de energia térmica.

6.2 A primeira lei da termodinâmica

A concepção sobre calor e temperatura expressa comumente na linguagem cotidiana faz parecer que se trata de sinônimos, uma vez que só é dito que "faz muito calor" quando a temperatura está alta, e, quando a temperatura está baixa, diz-se "está frio". É bastante comum adicionar gelo à bebida para esfriá-la sugerindo a possibilidade de o gelo realizar a transferência do "frio" para a bebida, quando na verdade a bebida transfere energia (calor) para a pedra de gelo, que a absorve até que todo o sistema atinja um equilíbrio térmico.

Antes de apresentar a primeira lei da termodinâmica, é necessário alinhar as concepções cotidiana e científica sobre calor e temperatura. De natureza científica, o conceito de temperatura é baseado na observação do trânsito de energia de um corpo para outro, ou seja, do corpo que possui maior quantidade de energia (calor) para o corpo com menor quantidade de energia. Dessa forma, a temperatura indica o ***fluxo da direção de energia***.

O *calor* pode ser definido como a energia que é transferida entre objetos de temperaturas diferentes, e essa transferência finda quando é verificado um *equilíbrio térmico*. A primeira lei da termodinâmica é uma maneira real de estabelecer a lei da conservação de energia, afirmando que a energia interna de um sistema poderá ser transferida na forma de calor ou trabalho, apenas transferida, não podendo ser criada ou destruída.

O universo de investigação do comportamento físico-químico de átomos e moléculas onde ocorrem tais transferências de calor é dividido em duas partes: *sistema* e *vizinhanças*. Definido como sistema a parte que está sendo estudada, e vizinhanças como a periferia em volta do sistema. A depender do tipo de sistema, a energia será trocada com as vizinhanças ou mantida. Um esquema simplificado dos tipos de sistema encontra-se na figura 6.2 a seguir.

Figura 6.2 (a) sistema aberto: pode trocar energia e matéria com suas vizinhanças (b) sistema fechado: pode trocar energia com suas vizinhanças (c) sistema isolado: não troca nenhum tipo de energia nem matéria com as vizinhanças

Energia interna, calor e trabalho

Segundo BARROS (2009), sob o ponto de vista microscópico, a temperatura de um sistema é um parâmetro que se relaciona diretamente com a energia cinética média das partículas que o constituem. Portanto, considerando um sistema constituído por água líquida a 0 °C e gelo, pode-se afirmar que, em ambos os casos, as partículas constituintes possuem a mesma energia cinética média. Para entender melhor, denominou-se que partículas podem ser átomos, moléculas, íons ou agregados dessas espécies.

Enquanto na água líquida a referência será direcionada aos agregados moleculares formados pelas pontes de hidrogênio, no gelo – sólido cristalino – são observadas as vibrações da rede cristalina. Em ambos os casos, a contribuição na energia cinética das partículas, apesar de manifestar-se distintamente, será a mesma, se considerada a mesma temperatura.

Para uma reação química, as transformações acontecem à luz de variações de energia cinética (energia associada à translação, rotação e vibração das partículas ou de outras estruturas capazes desses movimentos) e potencial (associada às várias interações intramoleculares e intermoleculares que existem entre núcleos elétrons) das moléculas cuja soma de todas é denominada energia interna e pode ser expressa pela equação:

$$\Delta E = E_{produtos} - E_{reagentes} \qquad \text{Eq. 6.1}$$

Em um sistema termodinâmico, a energia pode ser trocada entre o sistema e as vizinhanças de duas maneiras:

- O *calor*, simbolizado pela letra q, sendo absorvido ou liberado.
- O *trabalho*, representado pela letra w, sendo realizado pelo sistema nas vizinhanças ou realizado pelas vizinhanças no sistema.

A primeira lei da termodinâmica poderá ser expressa como a soma das contribuições de calor e trabalho de acordo com a equação abaixo:

$$\Delta E = q + w \qquad \text{Eq. 6.2}$$

Considerando os sinais:

Calor absorvido pelo sistema: (+q)	Trabalho realizado sobre o sistema: (+w)
Calor cedido pelo sistema: (−q)	Trabalho realizado pelo sistema: (−w)

Um excelente exemplo de transferência de calor e realização de trabalho pode ser observado no funcionamento de um motor de combustão interna do tipo Otto e Diesel, cuja máquina foi desenvolvida no final do século XIX, composta de, no mínimo, um cilindro, contendo um êmbolo móvel (pistão) e diversas peças móveis. Seu funcionamento pode ser descrito de forma simplificada considerando quatro ciclos: admissão (aspiração), compressão, combustão (explosão) e exaustão. A figura 6.3 mostra de maneira clara as quatro etapas descritas.

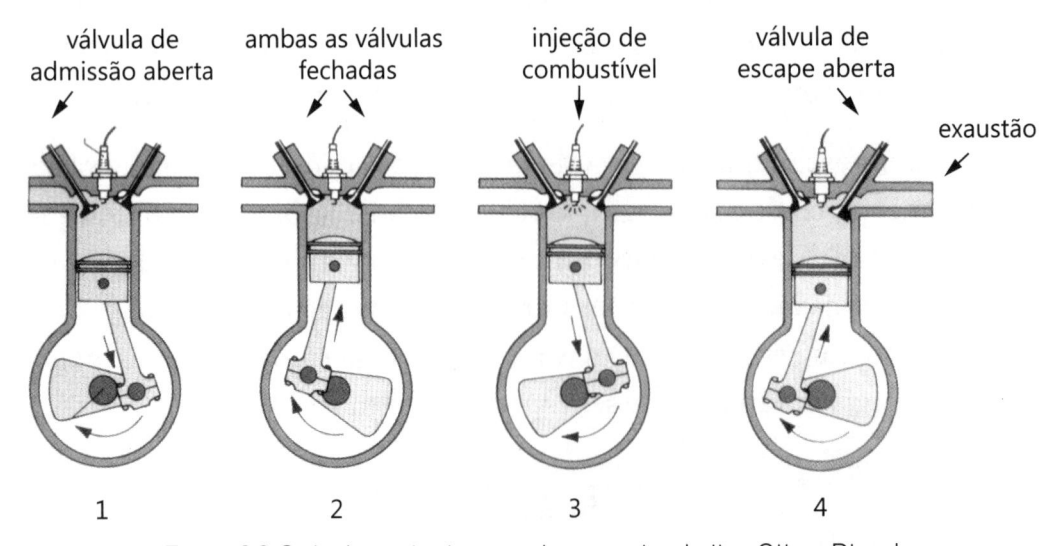

Figura 6.3 Ciclo de quatro tempos de um motor do tipo Otto e Diesel

Na primeira etapa (1), a mistura de ar e combustível é admitida no interior da câmara, provocando o deslocamento do pistão. Em seguida (2), o pistão comprime a mistura ar-combustível na etapa compressão e, na terceira etapa (3), uma centelha provoca a explosão da mistura e a expansão dos gases provocará novamente o deslocamento do pistão para baixo. Finalizando o ciclo (4), a válvula para escape dos gases é aberta e o pistão move-se provocando a exaustão dos gases da queima.

Perceba que o sinal positivo ou negativo para o trabalho dependerá somente de quem for tomado por sistema em estudo. Por exemplo, o pistão realiza trabalho quando comprime a mistura ar-combustível e quando provoca a exaustão dos gases da queima; por outro lado, o trabalho é realizado sobre o pistão quando a câmara é ocupada pela mistura ar-combustível e quando ocorre a queima seguida de expansão dos gases também no interior da câmara.

Processos exotérmicos e endotérmicos

Como foi descrito, a termodinâmica química ou termoquímica estuda as mudanças de estado físico e as reações que envolvem transferência de energia na forma de calor e quanto trabalho é realizado durante o processo. O trabalho de expansão ou compressão pode ser calculado como o produto da pressão à qual o sistema está submetido e sua consequente variação de volume provocada.

$$w = -P\Delta V \qquad \text{Eq. 6.3}$$

O sinal negativo serve para elucidar se o sistema ou as vizinhanças realizaram trabalho. Limitando as considerações sobre trabalho ao *trabalho de expansão*, caso o sistema seja impedido de se expandir ou se contrair, ele não poderá realizar trabalho nem pode ser realizado trabalho sobre ele já que o volume permanecerá constante. Assim, de acordo com a primeira lei da termodinâmica, o calor absorvido durante um processo a volume constante será igual à variação de energia interna.

$$\Delta E = q + w$$
$$\Delta E = q \qquad \text{Eq. 6.4}$$

Os estudos da termoquímica em laboratório são conduzidos em recipientes abertos sujeitos a uma pressão atmosférica constante que admite variações de volume, ou seja, a transferência de calor acontece à pressão constante. De modo que os calores de reação transferidos em condições de pressão constante são representados de maneira especial, sendo chamados de *entalpia*, H do sistema.

$$\Delta H = q_p \qquad \text{Eq. 6.5}$$

Onde q_p é o *calor a pressão constante*. Definindo, assim, a entalpia para um sistema igual ao calor a pressão constante, deixando a equação 6.2 da primeira lei da termodinâmica como:

$$\Delta H = \Delta E + P\Delta V$$

Geralmente as reações químicas envolvem tanto o rompimento como a formação das ligações químicas. No ato de formação ou rompimento das ligações, energia química pode ser transformada em energia cinética e vice-versa. Por exemplo, em reações de combustão que possuem bastante energia química nos reagentes e pouca energia cinética, quando a reação se processa, grandes quantidades dessa energia química são transformadas em energia cinética e esse aumento da energia cinética (presente agora nos produtos) provoca um aumento da temperatura da mistura reacional, transferindo calor para as vizinhanças. O resultado líquido é, então, que a diminuição de energia química aparece como calor que é transferido para as vizinhanças. As reações que têm como produto o calor são chamadas de *exotérmicas*.

$$A + B \rightarrow C + D + \text{calor}$$

Processos exotérmicos são observados também em dissoluções. Tomando como exemplo a dissolução do hidróxido de sódio (NaOH), nota-se, nos instantes iniciais do experimento, em que não houve tempo hábil para troca de calor com as vizinhanças, um aumento de temperatura do sistema, que agora passa a ser a solução resultante de hidróxido de sódio. Como a energia total do sistema deve ser conservada, "a soma das variações de energia deve indicar que a energia potencial total diminui, já que o aumento inicial da temperatura evidencia aumento da energia cinética". (BARROS, 2009)

Com o passar do tempo, o sistema naturalmente entrará em equilíbrio térmico com as vizinhanças, no entanto "o balanço energético final do experimento mostra uma liberação de energia na forma de calor, pelo sistema" (BARROS, 2009), classificando a dissolução do hidróxido de sódio como um processo exotérmico.

Por outro lado, existem reações em que a energia química nos produtos é bem maior que nos reagentes; essas reações tendem a formar substâncias mais complexas e requerem um fornecimento de energia para formar as novas ligações químicas. Nesse caso, as reações consomem em conjunto os reagentes e energia para formar os produtos, denominando-se reações *endotérmicas*.

$$A + B + calor \rightarrow C + D$$

O comportamento endotérmico também pode ser observado em processos de dissolução. No hidróxido de amônio (NH_4OH), por exemplo, quando dissolvido em água, nota-se uma diminuição da temperatura que pode ser explicada pela diminuição da energia cinética em virtude do aumento da energia potencial. Naturalmente, com o passar do tempo, o equilíbrio térmico é restabelecido com as vizinhanças. "O balanço energético no final do experimento mostra uma absorção de energia, na forma de calor, pelo sistema" (BARROS, 2009), caracterizando a dissolução do hidróxido de amônio como processo endotérmico.

Convencionou-se que o calor cedido pelo sistema possui sinal negativo que indica "perda de energia", e o calor absorvido possui sinal positivo que indica "ganho de energia". Assim:

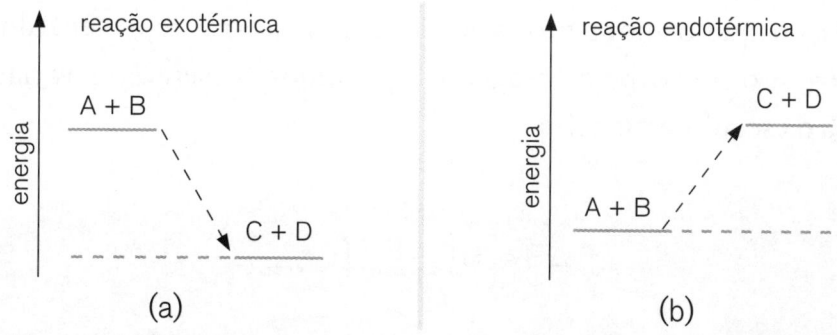

Figura 6.4 (a) Representação da perda de energia numa reação exotérmica
(b) Representação do ganho de energia numa reação endotérmica

Funções de estado

Apesar de não haver possibilidades de determinar-se com exatidão o valor da energia interna de um dado sistema, num dado conjunto de condições a energia interna possuirá um valor fixo. Por exemplo, considerando um sistema isolado, com pressão constante e sem perdas de energia ou matéria com as vizinhanças, que possui em seu interior dois corpos inicialmente com temperaturas distintas, ambos trocarão calor até atingirem um *estado de equilíbrio* e suas temperaturas se igualarem, no entanto, a quantidade total de calor permanece a mesma do início.

Para melhor entender o conceito de função de estado, uma analogia pode ser feita da seguinte maneira: uma cidade A encontra-se no nível do mar e uma cidade B possui altitude média de cerca de 800 m. O deslocamento de A para B ou de B para A resultará numa variação de 800 m de altitude, independentemente do caminho traçado entre as cidades. Já a distância percorrida dependerá do caminho escolhido na viagem. Assim sendo, a diferença de altitude é uma *função de estado*, e a distância percorrida não é. O valor de uma função de estado não depende da trajetória do sistema, mas somente das condições em que estiver o sistema, condição inicial e condição final. Em função dessa afirmação, a variação da energia interna e variação da entalpia são funções de estado, já o trabalho realizado por um sistema não é, uma vez que depende da maneira de realizar o trabalho.

A variação da entalpia de transformações físicas e químicas

Como mencionado anteriormente a entalpia é uma função de estado, ou seja, dependerá apenas do estado inicial e final do sistema: $\Delta H = H_{final} - H_{inicial}$. Dado que o momento final de uma reação é representado pelos produtos, e o início pelos reagentes, podemos reescrever a variação de entalpia da seguinte maneira:

$$\Delta H = H_{produtos} - H_{regentes} \qquad \text{Eq. 6.6}$$

Comumente, a variação de entalpia que acompanha uma reação química é chamada de *entalpia da reação*, *calor da reação* ou ainda *calor de formação* (por se tratar do calor envolvido na formação dos produtos).

Ao escrever-se uma equação química devidamente balanceada, a indicação da variação de entalpia configura uma boa informação acerca da reação no que diz respeito às transferências de calor. Como por exemplo a síntese da amônia pelo método de Haber:

$$N_{2(g)} + 3H_{2(g)} \Longleftrightarrow 2NH_{3(g)} \qquad \Delta H = -92 kJ$$

A reação acima descrita possui dupla seta devido ao fato de que modificações na pressão e temperatura podem favorecer a formação da amônia ou dos gases nitrogênio e hidrogênio. Na síntese da amônia, são liberados 92 kJ de calor.

O conhecimento da entalpia das reações torna-se bastante útil quando do uso industrial na previsão e montagem de equipamentos e reatores para lidar com as transferências de calor. A entalpia está associada a três fatores que definem a maneira e a quantidade de calor a ser transferido.

1	Sendo uma propriedade extensiva, a entalpia é diretamente proporcional à quantidade de reagente consumido na reação. Por exemplo, para a síntese da amônia, a utilização de **2 mols** do gás nitrogênio e **6 mols** do gás hidrogênio (o dobro das quantidades balanceadas), seriam liberados **184 kJ** de calor.
2	Para a reação inversa, a variação de entalpia tem igual valor e sinal contrário. No caso da síntese da amônia, sendo a reação inversa, formando os gases nitrogênio e hidrogênio, haveria uma absorção de 92 kJ em vez de liberação. Veja abaixo o esquema simplificado da inversão do sentido da reação e sua influência na variação de entalpia.

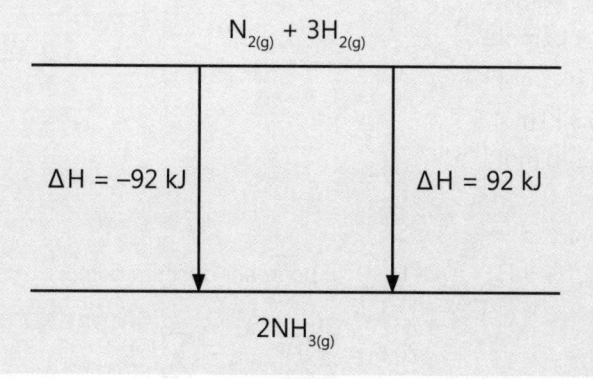

$$N_{2(g)} + 3H_{2(g)}$$

$$\Delta H = -92 \text{ kJ} \qquad \Delta H = 92 \text{ kJ}$$

$$2NH_{3(g)}$$

> **3** O estado físico dos reagentes tem influência direta na variação de entalpia. Uma vez que a energia cinética é diferente nos estados líquido e gasoso, haverá modificação nos valores de entalpia visto que o calor depende da agitação das moléculas. Um bom exemplo está no produto da combustão do metano: caso a água formada esteja no estado líquido, a energia liberada será de **890 kJ**, e se a água estiver no estado gasoso, a energia liberada será de **802 kJ**.

Por isso é interessante ter à mão as quantidades estequiométricas dos reagentes, o sentido desejado da reação e também o estado dos reagentes, que deve ser minuciosamente especificado.

EXERCÍCIOS RESOLVIDOS

1) (UDESC 2009) Determine o calor de combustão (ΔH^0) para o metanol (CH_3OH) quando ele é queimado, sabendo-se que ele libera dióxido de carbono e vapor de água conforme reação descrita abaixo:

SUBSTÂNCIA	ΔH_f^0, kJmol^{-1}
CH_3OH	−239,0
O_2	0
CO_2	−393,5
H_2O	−241,8

$$CH_3OH + 3/2\ O_2 \rightarrow CO_2 + 2H_2O$$

a) $\Delta H^0 = +638,1$ kJ.mol^{-1}
b) $\Delta H^0 = -396,3$ kJ.mol^{-1}
c) $\Delta H^0 = -638,1$ kJ.mol^{-1}
d) $\Delta H^0 = +396,3$ kJ.mol^{-1}
e) $\Delta H^0 = -874,3$ kJ.mol^{-1}

Solução

A equação 6.5 ($\Delta H = H_{produtos} - H_{regentes}$) pode ser descrita como:

$$\Delta H^0 = \sum H^0_{produtos} - \sum H^0_{reagentes}$$

- O índice 0 (zero) acima da letra indicativa para entalpia significa que a verificação foi realizada em condições-padrão (T = 25 °C e P = 1 atm).
- Assumindo os valores de entalpia-padrão de formação para cada uma das substâncias expostas na tabela, o cálculo de ΔH^0 para a queima do metanol fica:

$$\Delta H^0 = (-393,5 + 2.(-241,8)) - (-239,0 + 0)$$

$$\Delta H^0 = -638,1 \text{ kJmol}^{-1}$$

Resposta: Alternativa c.

2) (PUC-RIO 2007) A combustão completa do etino (mais conhecido como acetileno) é representada na equação abaixo.

$$C_2H_{2(g)} + 2,5O_{2(g)} \rightarrow 2CO_{2(g)} + H_2O_{(g)} \quad \Delta H^0 = -1.255 \text{ kJ}$$

Assinale a alternativa que indica a quantidade de energia, na forma de calor, que é liberada na combustão de 130 g de acetileno, considerando o rendimento dessa reação igual a 80%.

a) −12.550 kJ
b) −6.275 kJ
c) −5.020 kJ
d) −2.410 kJ
e) −255 kJ

Solução

Considerando as massas da equação balanceada,

$$C_2H_{2(g)} + 2,5O_{2(g)} \rightarrow 2CO_{2(g)} + H_2O_{(g)} \quad \Delta H_0 = -1.255 \text{ kJ}$$
26 g   80 g   88 g   18 g

Serão cedidos 1.255 kJ na queima de 26 g de acetileno. Para a queima de 130 g de acetileno, serão liberados:
26 g _____ −1.255 kJ
130 g _____ x
x = −6.275 kJ

Serão liberados 6.275 kJ de energia na queima total de 130 g de acetileno, no entanto afirmou-se que o rendimento para esta reação é de apenas 80%, assim sendo,
−6.275 kJ _____ 100%
       x _____ 80%
x = −5.020 kJ
Resposta: Alternativa c.

6.3 Espontaneidade de reações

Entende-se por transformações espontâneas as reações ou eventos que acontecem por conta própria, sem necessidade de atuação externa contínua. Um bom exemplo são as quedas d'água, o derretimento de cubos de gelo em um recipiente à temperatura ambiente etc. A espontaneidade dos eventos pode acontecer rapidamente, como a explosão de dinamites, ou de maneira muito lenta, como a oxidação (enferrujamento) de uma corrente.

Figura 6.5 (a) Explosão de uma área de mineração por ação de dinamites
(b) Ação de oxidação de elos de corrente

Apesar de ocorrerem naturalmente inúmeros eventos espontâneos à nossa volta, transformações não espontâneas também podem ser verificadas, como a decomposição da água nos gases hidrogênio e oxigênio. Certamente a decomposição da água não pode ser considerada transformação espontânea, no entanto, se fizermos passar uma corrente elétrica, num processo denominado eletrólise, a decomposição passa a acontecer. Apenas no momento de retirada da fonte de energia, a reação cessa, evidenciando a diferença entre os processos espontâneos e não espontâneos.

Uma observação deve ser feita no que diz respeito à eletrólise não espontânea da água: para que a decomposição ocorra, é necessário algum tipo de mudança mecânica ou química espontânea para gerar a eletricidade necessária à eletrólise. Visto isso, todos os fenômenos não espontâneos só acontecem à luz de eventos espontâneos.

Energia livre

Um dos principais motivos de estudar-se as reações espontâneas e não espontâneas é o aproveitamento da energia liberada para produção de trabalho útil. Lembrando o exemplo do funcionamento de um motor Otto e Diesel descrito no tópico "Energia interna, calor e trabalho" na página 174, a energia obtida da queima do combustível é aproveitada para acionar os mecanismos de um automóvel. No entanto, se a queima do combustível se passar em um recipiente aberto, a energia liberada será completamente perdida como calor e nenhum trabalho útil será realizado. Para que essa energia não seja totalmente perdida, cientistas e engenheiros encontraram meios de isolar a câmara de combustível e aproveitar a energia liberada da queima com o máximo de eficiência possível. De forma que essa quantidade máxima de energia produzida por uma reação e que pode ser aproveitada *teoricamente* como trabalho é chamada de *energia livre de Gibbs*.

A energia livre de Gibbs é uma função de estado e, como tal, depende apenas dos estados inicial e final do sistema, ou seja, $\Delta G = G_{final} - G_{inicial}$, e considerando um sistema reacional, a equação fica:

$$\Delta G = G_{produtos} - G_{reagentes} \qquad \text{Eq. 6.7}$$

Quando a energia livre é medida nas CNTP's (condições normais de temperatura e pressão), convenciona-se a temperatura igual a 25 °C (298 K) e acrescenta-se um índice 0 (zero) sobrescrito:

$$\Delta G^0 = G^0_{produtos} - G^0_{reagente} \qquad \text{Eq. 6.8}$$

Para avaliar a energia livre de um sistema, além de considerar as contribuições vindas da liberação ou absorção de calor, o grau de aleatoriedade molecular deve ser considerado. A *entropia* é uma função de estado que tende a aumentar quando aumenta o número de partículas do sistema reacional ou diminui o grau de complexidade molecular, admitindo-se a prerrogativa que afirma que um sistema não tenderá espontaneamente para um arranjo mais organizado. Pode-se afirmar que existem três fatores que podem influenciar a espontaneidade: a variação de entalpia, a variação de entropia e a temperatura.

Uma vez que transformações espontâneas tendem a aumentar a aleatoriedade do sistema, a entropia tem papel fundamental na verificação da espontaneidade. Começando pela variação total de entropia, pode-se dizer que é a soma da entropia nas vizinhanças e a entropia no sistema.

$$\Delta S_{total} = \Delta S_{sistema} + \Delta S_{vizinhanças} \qquad \text{Eq. 6.9}$$

Sendo a entropia nas vizinhanças igual ao calor transferido do sistema para as vizinhanças, dividido pela temperatura T em kelvin, na qual o calor é transferido.

$$\Delta S_{vizinhanças} = \frac{q_{vizinhanças}}{T}$$

De acordo com a lei da conservação da energia, o calor transferido para as vizinhanças é igual ao calor adicionado ao sistema com o sinal inverso (negativo) e, sendo esse calor oriundo de transformações a pressão constante, pode-se escrever em função da entalpia:

$$\Delta S_{vizinhanças} = -\frac{\Delta H_{sistema}}{T}$$

A variação total de entropia fica:

$$\Delta S_{total} = \Delta S_{sistema} - \frac{\Delta H_{sistema}}{T}$$

Rearranjando a equação multiplicando por $-T$, fica:

$$-T\Delta S_{total} = \Delta H_{sistema} - T\Delta S_{sistema} \quad \text{(T e P constantes)}$$

Dessa forma, é definida a função termodinâmica denominada energia livre de Gibbs, ou simplesmente energia livre. Genericamente, a equação fica:

$$G = H - TS$$

Escrita em termos de variação a temperatura constante, tem-se:

$$\Delta G = \Delta H - T\Delta S \qquad \text{Eq. 6.10}$$

Visto que $\Delta G = -T\Delta S_{total}$ e que uma transformação espontânea tende a um aumento de entropia, $\Delta S_{total} > 0$, pode-se dizer que a variação de energia livre de Gibbs será negativa para processos espontâneos.

Em outras palavras, a energia livre de Gibbs diminui, em geral, quando um sistema sofre uma transformação espontânea a temperatura e pressão constantes.

Portanto,

$$\Delta G_{sistema} < 0 \text{ (transformação espontânea, T e P constantes)}$$

No entanto, é importante ressaltar que embora o processo seja espontâneo com ΔG negativo, não significa que a velocidade da reação será influenciada de maneira a "acelerar" o processo. A velocidade da reação depende da *energia livre de ativação* – que nada mais é que a energia mínima que os reagentes necessitam para que se inicie a reação química, e quanto maior for seu valor, mais lenta será a reação.

Para um sistema em equilíbrio termodinâmico, não é mais observada aleatoriedade no sistema e pode-se afirmar que:

$$-T\Delta S_{total} = 0 \text{ e } \Delta G_{sistema} = 0$$

Na realidade, o *estado de equilíbrio termodinâmico* refere-se ao estágio da reação no qual quase não se observam mais transformações de reagentes em produtos, ou seja, os produtos estão praticamente formados consumindo um mínimo de energia.

PROCESSO ESPONTÂNEO	EQUILÍBRIO TERMODINÂMICO	PROCESSO NÃO ESPONTÂNEO
Se a reação é: • Exotérmica (ΔH^0 negativo), a energia é dispersada. • A entropia aumenta (ΔS^0 positivo). • Então ΔG^0 será negativo. • *A reação é espontânea e produto favorecida*	$\Delta G_{sistema} = 0$	Se a reação é: • Endotérmica (ΔH^0 positivo), a energia é absorvida. • A entropia diminui (ΔS^0 negativo) • Então ΔG^0 será positivo. • *A reação é espontânea e produto favorecida*

EXERCÍCIOS RESOLVIDOS

3) ΔG^0 para a seguinte reação é $-70,9$ kJ.

$$SO_{2(g)} + 1/2\ O_{2(g)} \rightarrow SO_{3(g)}$$

Dado: $\Delta G^0_f\ [SO_{2(g)}] = -300,2$ kJ, calcular $\Delta G^0_f\ [SO_{3(g)}]$.

Solução

A equação 6.7 descrita por $\Delta G^0 = G^0_{produtos} - G^0_{reagentes}$ pode ser usada satisfatoriamente para esta resolução.

Visto que: $\Delta G^0_f\ [O_{2(g)}] = 0$, substituindo os valores na equação 6.7

$$\Delta G^0 = \sum G^0_{produtos} - \sum G^0_{reagentes}$$

$$-70,9 = G^0_f\ [SO_{3(g)}] - [-300,2]$$

$$G^0_f\ [SO_{3(g)}] = -371,1\ kJ$$

4) Para a seguinte reação a 25 °C

$$N_{2(g)} + O_{2(g)} \rightarrow 2NO_{(g)}$$

Calcule ΔS^0_{total}, dado $\Delta S^0_{sistema} = 24,8$ JK^{-1} e $\Delta H^0_{sistema} = 181,8$ kJ.

Solução

A equação 6.8 $\Delta S_{total} = \Delta S_{sistema} + \Delta S_{vizinhanças}$ deve ser utilizada.

Considerando que:

$$\Delta S_{vizinhanças} = -\frac{\Delta H_{sistema}}{t}$$

$$\Delta S_{vizinhanças} = -\frac{181,8 \cdot 10^3}{298}$$

$$\Delta S_{vizinhanças} = -610,07\ J$$

Substituindo os valores na equação 6.8, temos:

$$\Delta S_{total} = 24,80 - 610,07$$

$$\Delta S_{total} = -585,27\ J$$

5) Considere a reação a seguir.

$$2H_2S_{(g)} + O_{2(g)} \rightarrow 2H_2O_{(g)} + S_{(s)}$$

Dados: $\Delta H^0 = -442{,}4$ kJ e $\Delta S^0 = -175{,}4$ JK^{-1}

a) Calcule ΔG^0 para a reação a 25 °C. O processo é espontâneo?

b) Admitindo que não haja alterações significativas nos valores de entalpia e entropia da reação, calcule o ΔG^0 para uma temperatura de 200 °C. O processo é espontâneo, não espontâneo ou está em equilíbrio?

Solução

a) Observe que a unidade de ΔH^0 está em kJ enquanto ΔS^0 está em J apenas. Os valores podem ser descritos como:

$\Delta H^0 = -442{,}4 \cdot 10^3$ J e $\Delta S^0 = -175{,}4$ JK^{-1}

Para os cálculos em termoquímica, a temperatura deve ser utilizada na escala kelvin, assim:

$$T = T(°C) + 273$$
$$T = 298 \text{ K}$$

Considerando a equação 6.9, $\Delta G^0 = \Delta H^0 - T\Delta S^0$, o cálculo para a reação a 25 °C fica:

$$\Delta G^0 = -442{,}4 \cdot 10^3 - 298 \cdot (-175{,}4)$$
$$\Delta G^0 = -390.130{,}8 \text{ J ou } -390{,}1 \text{ kJ}$$

Neste caso, como $\Delta G^0 < 0$, o processo é espontâneo.

b) O cálculo para ΔG^0 será realizado de maneira semelhante ao item a, modificando apenas o valor da temperatura.

$$T = T(°C) + 273$$
$$T = 473 \text{K}$$

Portanto,

$$\Delta G^0 = -442{,}4 \cdot 10^3 - 473 \cdot (-175{,}4)$$
$$\Delta G^0 = -359.435{,}8 \text{ J ou } -359{,}4 \text{ kJ}$$

Neste caso, como $\Delta G^0 < 0$, o processo é espontâneo.

6.4 Pilhas

O ramo da química que estuda os dispositivos capazes de converter energia química em elétrica é denominado eletroquímica. Tais dispositivos realizam essa conversão utilizando-se de reações de oxirredução e são chamados *células eletroquímicas*. Existem dois tipos de células eletroquímicas, as *células galvânicas*, que convertem espontaneamente a energia química oriunda da transferência de elétrons da reação de oxirredução em energia elétrica, e as *células eletrolíticas*, nas quais energia elétrica é utilizada para promover reações não espontâneas, ou seja, a energia elétrica sendo convertida em

CURIOSIDADE

Pilhas

A *pilha* também é conhecida como *célula galvânica*, em homenagem a Luigi Galvani (1737-1798), médico e pesquisador italiano que descobriu que a eletricidade pode causar contração dos músculos, ou *célula voltaica*, em homenagem a outro cientista italiano, Alessandro Volta, cujas invenções levaram ao desenvolvimento do campo da eletroquímica.

PERSONAGEM

Alessandro Volta

Alessandro Graf Volta.

Alessandro Volta (1745-1827) foi um físico italiano reconhecido pela invenção da primeira bateria elétrica, a pilha voltaica. Volta foi titular da cadeira de física experimental na Universidade de Pávia por quase 40 anos. O nome da unidade de medida de um *potencial elétrico* no sistema internacional (SI), *volt* (v), foi em sua homenagem.

energia química. Serão estudadas, aqui, as células galvânicas, mais conhecidas como **pilhas**.

A pilha recebeu esse nome graças ao experimento de **Alessandro Volta**, que colocou empilhados discos de zinco e cobre intercalados e separados por um algodão embebido em uma salmoura, e nos terminais (com um disco de metal diferente em cada extremidade) observou-se a formação de dois polos, um positivo e um negativo, aos quais foram conectados fios. Os metais possuem, em geral, tendência de transferir elétrons (uns mais, outros menos) quando submetidos à interação com outros constituintes, inclusive outros metais. O trânsito de elétrons de um metal para o outro é chamado de princípio de oxirredução, ou seja, o metal que cede elétrons sofre oxidação enquanto o metal que recebe os elétrons sofre redução. A salmoura é uma solução denominada eletrolítica e é necessária para manter a neutralidade da pilha, auxiliando no processo de condução da corrente elétrica.

Comumente "há uma certa confusão na terminologia usada para se referir aos sistemas eletroquímicos". (BOCCHI, 2000) Será descrito, nos tópicos a seguir, o funcionamento de uma pilha, a qual deverá ser constituída de dois eletrodos interligados por um fio de maneira a produzir energia elétrica, imersos num eletrólito (solução ou composto iônico) que pode ser líquido, sólido ou pastoso. Para tanto, se os eletrodos forem conectados a um dispositivo eletrônico, a corrente elétrica flui pelo circuito, fazendo o dispositivo funcionar; caso seja acoplado a um multímetro, poderá ser verificada a diferença de potencial ou corrente elétrica. Deve-se levar em conta que "o termo bateria deve ser usado para se referir a um conjunto de pilhas agrupadas em série ou paralelo, dependendo da exigência por maior potencial ou corrente". (BOCCHI, 2000)

Potencial-padrão de redução

Os metais participantes da reação química são chamados de eletrodos, através dos quais haverá a movimentação dos elétrons. A montagem da pilha ou célula galvânica deixa claro que os elétrons serão transferidos do polo negativo (chamado de ânodo) para o positivo (chamado de cátodo), ou seja, no ânodo será observada a oxidação e no cátodo, a redução. "A capacidade de promover esse movimento de elétrons é chamada potencial e pode ser expressa em uma unidade elétrica chamada *volt* (V), que é a medida da quantidade de energia, em joules, que pode ser fornecida por *coulomb* (C)." (BRADY, 2009)

Tanto em termoquímica como em eletroquímica, deve-se definir o estado-padrão no qual ocorrem as transformações, e neste caso, para a eletroquímica, o estado-padrão de um sistema é definido à temperatura de 25 °C, concentrações de 1,00 M e a pressão a qual estará submetido qualquer gás é de 1 atm. Sob as condições de estado-padrão, o potencial da pilha será chamado de *potencial-padrão de redução*, simbolizado por E^0_{pilha}. Foi adotado como padrão tratar da tendência que a substância apresenta de reduzir-se. Assim, um mesmo metal pode apresentar forte tendência para reduzir-se quando em contato com um outro cuja tendência seja mais fraca, e quando em presença de um metal de tendência ainda mais forte para reduzir-se, o primeiro irá oxidar-se desta vez. Cada metal em solução é considerado *meia-pilha* por necessitar de um segundo eletrodo para completar o circuito e para que os elétrons possam se movimentar. Quando conectadas as duas meias-pilhas para formar uma célula galvânica, o potencial da pilha será calculado em virtude da diferença dos potenciais de redução da substância reduzida e da substância oxidada, conforme descrito na equação 6.11.

$$E^0_{pilha} = \begin{pmatrix} \text{potencial-padrão de redução} \\ \text{da substância reduzida} \end{pmatrix} - \begin{pmatrix} \text{potencial-padrão de redução} \\ \text{da substância oxidada} \end{pmatrix} \quad \text{Eq. 6.11}$$

Como exemplo, vamos considerar a pilha cobre-zinco. A reação da pilha fica:

$$Zn_{(s)} + Cu^{2+}_{(aq)} \Longleftrightarrow Cu_{(s)} + Zn^{2+}_{(aq)}$$

Os íons de cobre são reduzidos e o zinco é oxidado. As duas meias-reações são expressas por:

$$Cu^{2+}_{(aq)} + 2\bar{e} \Longleftrightarrow Cu_{(s)}$$

$$Zn_{(s)} \Longleftrightarrow Zn^{2+}_{(aq)} + 2\bar{e}$$

Indicado pelas meias-reações, o cobre tem a maior tendência de reduzir-se que o zinco; isso significa dizer que o potencial-padrão de redução do $Cu^{2+}_{(aq)}$ deve ser algebricamente maior que o do $Zn^{2+}_{(aq)}$.

Para esta pilha, a equação 6.10 fica:

$$E^0_{pilha} = E^0_{Cu^{2+}} - E^0_{Zn^{2+}}$$

Para a reação descrita anteriormente, $\Delta G^0 = -212$ kJmol^{-1}, e esse grande valor negativo indica uma forte tendência dos elétrons em se transferirem do Zn metálico para os íons de Cu^{2+}, isso em condições estado-padrão que serão confirmadas quando verificados os potenciais-padrão de redução de ambos os metais.

EXERCÍCIO RESOLVIDO

6) (Fuvest-SP) Deixando funcionar uma pilha formada por uma barra de chumbo imersa em uma solução de $Pb(NO_3)_2$ e uma barra de zinco imersa em uma solução de $Zn(NO_3)_2$ separadas por uma parede porosa, após algum tempo a barra de zinco vai se desgastando e a de chumbo ficando mais espessa. No início do experimento as duas barras apresentavam as mesmas dimensões e o espessamento da barra de chumbo. Qual o sentido do fluxo de elétrons no fio metálico?

Solução

O desgaste da barra de zinco pode ser representado pela sua semirreação:

$Zn_{(s)} \rightarrow Zn^{2+}_{(aq)} + 2\bar{e}$ *oxidação*

O espessamento da barra de chumbo pode também ser representado pela sua semirreação:

$Pb^{2+}_{(aq)} + 2\bar{e} \rightarrow Pb_{(s)}$ *redução*

Resposta: Os elétrons fluem do eletrodo de zinco para o de chumbo.

Agentes oxidantes e agentes redutores

Só é possível medir o potencial-padrão de redução quando duas meias-pilhas estão conectadas, ou seja, não é possível medir o potencial-padrão de redução de uma meia-pilha isolada. Portanto, para atribuir-se valores numéricos aos potenciais-padrão de redução, um eletrodo de referência foi adotado como padrão 0 V (zero volt) para que as demais tendências pudessem ser estimadas. Esse eletrodo de referência é chamado *eletrodo-padrão de hidrogênio*. A relação dos potenciais-padrão de redução de algumas substâncias encontra-se na tabela 6.1 a seguir.

TABELA 6.1 POTENCIAIS-PADRÃO DE REDUÇÃO

MEIA-REAÇÃO		E^0 (VOLTS)
ESTADO OXIDADO	ESTADO REDUZIDO	
$F_2 + 2\bar{e}$	$\rightleftharpoons 2F^-$	+2,87
$Cl_2 + 2\bar{e}$	$\rightleftharpoons 2Cl^-$	+1,36
$Hg^{2+} + 2\bar{e}$	$\rightleftharpoons Hg$	+0,85
$Ag^+ + \bar{e}$	$\rightleftharpoons Ag$	+0,80
$Fe^{3+} + \bar{e}$	$\rightleftharpoons Fe^{2+}$	+0,77
$Cu^+ + \bar{e}$	$\rightleftharpoons Cu$	+0,52
$Cu^{2+} + 2\bar{e}$	$\rightleftharpoons Cu$	+0,34
$Cu^{2+} + \bar{e}$	$\rightleftharpoons Cu^+$	+0,15
$2H^+ + 2\bar{e}$	$\rightleftharpoons H_2$	0,00
$Pb^{2+} + 2\bar{e}$	$\rightleftharpoons Pb$	−0,13
$Ni^{2+} + 2\bar{e}$	$\rightleftharpoons Ni$	−0,23
$Co^{2+} + 2\bar{e}$	$\rightleftharpoons Co$	−0,28
$Fe^{2+} + 2\bar{e}$	$\rightleftharpoons Fe$	−0,44
$Cr^{3+} + 3\bar{e}$	$\rightleftharpoons Cr$	−0,91
$Zn^{2+} + 2\bar{e}$	$\rightleftharpoons Zn$	−0,76
$Mn^{2+} + 2\bar{e}$	$\rightleftharpoons Mn$	−1,18
$Al^{3+} + 3\bar{e}$	$\rightleftharpoons Al$	−1,66
$Li^+ + \bar{e}$	$\rightleftharpoons Li$	−3,04

A leitura correta da tabela deve ser feita da seguinte maneira: quanto maiores forem os valores numéricos, maior será a tendência para reduzir-se das espécies em questão. Considerando o exemplo da pilha cobre-zinco, é possível comprovar, pelos dados da tabela 6.1, que de fato o cobre possui maior tendência para reduzir-se, pois apresenta um valor de potencial-padrão de redução de +0,34, enquanto o zinco possui valor de potencial-padrão de redução de –0,76, confirmando o que já havia sido descrito sobre a espontaneidade do cobre reduzir-se nesse sistema.

Para tanto, deverá ser observado o potencial-padrão de redução dos metais escolhidos como eletrodos em cada pilha, pois se outro metal como a prata, por exemplo, for escolhido para compor a pilha com o cobre, a prata apresentará maior tendência de reduzir-se e, nesse caso, o cobre sofrerá oxidação. Uma vez que na pilha para que um eletrodo sofra oxidação, o outro deve reduzir-se, pode-se afirmar que o metal que se reduz é *agente oxidante*, pois provoca a oxidação do outro eletrodo e vice-versa, o eletrodo que sofre oxidação induz o outro a reduzir-se, sendo denominado *agente redutor*.

EXERCÍCIO RESOLVIDO

7) (UFU) São dadas as seguintes semirreações com os respectivos potenciais de eletrodos:

$Mg \rightarrow Mg^{2+} + 2\bar{e}$ $E^0 = +2,34$ V

$Ni \rightarrow Ni^{2+} + 2\bar{e}$ $E^0 = +0,23$ V

$Cu \rightarrow Cu^{2+} + 2\bar{e}$ $E^0 = -0,34$ V

$Ag \rightarrow Ag^+ + 1\bar{e}$ $E^0 = -0,80$ V

Considere agora as seguintes reações:

I) $Mg + Ni^{2+} \rightarrow Mg^{2+} + Ni$

II) $Ni + Cu^{2+} \rightarrow Ni^{2+} + Cu$

III) $2Ag^+ + Mg \rightarrow Mg^{2+} + 2Ag$

IV) $Ni^{2+} + 2Ag \rightarrow 2Ag^+ + Ni$

A análise das equações I, II, III e IV nos permite concluir que:

a) Somente II e III são espontâneas.
b) Somente III e IV são espontâneas.
c) Somente I e II são espontâneas.
d) Somente I, II e IV são espontâneas.

Solução

Na tabela 6.1 encontram-se valores de potenciais de redução para algumas semirreações. Uma vez que as semirreações estão descritas no sentido da oxidação, para as semirreações no sentido da redução, ou seja, o inverso, o sinal do potencial de redução deverá ser trocado.

Analisando a reação I:

$Mg \rightarrow Mg^{2+} + 2\bar{e}$ $E^0 = +2,34$ V *oxidação*
$Ni^{2+} + 2\bar{e} \rightarrow Ni$ $E^0 = -0,25$ V *redução*

A equação 6.10
$E^0_{pilha} = \begin{pmatrix} \text{potencial-padrão de redução} \\ \text{da substância reduzida} \end{pmatrix} - \begin{pmatrix} \text{potencial-padrão de redução} \\ \text{da substância oxidada} \end{pmatrix}$ pode ser descrita como:

$$E^0_{pilha} = E^0_{Ni^{2+}} - E^0_{Mg^{2+}}$$

$$E^0_{pilha} = -0,25 - (-2,34)$$

$$E^0_{pilha} = +2,09 \text{ V} \Rightarrow \textit{processo espontâneo}$$

Analisando a reação II:

$Ni \rightarrow Ni^{2+} + 2\bar{e}$ $E^0 = +0,23$ V *oxidação*
$Cu^{2+} + 2\bar{e} \rightarrow Cu$ $E^0 = +0,34$ V *redução*

$$E^0_{pilha} = E^0_{Cu^{2+}} - E^0_{Ni^{2+}}$$

$$E^0_{pilha} = +0,34 - (+0,23)$$

$$E^0_{pilha} = +0,11 \text{ V} \Rightarrow \textit{processo espontâneo}$$

Analisando a reação III:

$Mg \rightarrow Mg^{2+} + 2\bar{e}$ $E^0 = +2,34$ V *oxidação*
$2Ag^+ + 2\bar{e} \rightarrow 2Ag$ $E^0 = +0,80$ V *redução*

$$E^0_{pilha} = E^0_{Ag^+} - E^0_{Mg^{2+}}$$

$$E^0_{pilha} = +0,80 - (+2,34)$$

$$E^0_{pilha} = -1,54 \text{ V} \Rightarrow \textit{processo não espontâneo}$$

PERSONAGEM

John Frederic Daniell

John Frederic Daniell (1790-1845) foi um químico, meterologista e físico britânico. No ano de 1836 construiu a pilha galvânica de cobre e zinco que levou seu nome, a pilha de Daniell. Foi dele também os inventos: higrômetro (dispositivo que indica umidade atmosférica) e pirômetro (instrumento para medir altas temperaturas).

Analisando a ração IV:

$Ni^{2+} + 2\bar{e} \rightarrow Ni$ $E^0 = -0,23$ V *redução*

$2Ag \rightarrow 2Ag^+ + 2\bar{e}$ $E^0 = -0,80$ V *oxidação*

$$E^0_{pilha} = E^0_{Ni^{2+}} - E^0_{Ag^+}$$

$$E^0_{pilha} = -0,23 - (-0,80)$$

$$E^0_{pilha} = +0,57 \text{ V} \Rightarrow processo\ espontâneo$$

Resposta: Alternativa d.

Pilha de Daniel

> "A invenção da pilha elétrica possibilitou significativa evolução científica. Apesar de as pilhas representarem atualmente o meio mais popular e barato de produção de energia elétrica para aparelhos portáteis, poucas pessoas associam seu funcionamento à ocorrência de reações químicas." (Oliveira *et al.*, 2001)

A primeira pilha capaz de manter a corrente elétrica constante num tempo razoavelmente longo foi construída em 1836 pelo químico *John Frederic Daniell*. A pilha de Daniell era composta por um recipiente poroso de barro contendo uma solução de sulfato de zinco imerso em um recipiente de vidro contendo solução de sulfato de cobre. Uma lâmina de zinco é mergulhada na solução do seu sal correspondente, o mesmo é feito com uma lâmina de cobre, fios são conectados às placas dos metais – esse sistema é denominado célula.

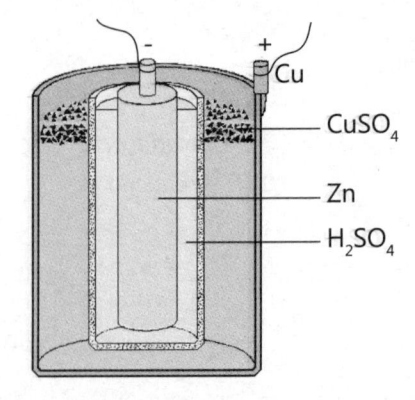

Figura 6.6 Pilha de Daniell

Atualmente, no laboratório, a experimentação, da pilha de Daniell substitui a parede porosa de cerâmica por uma ponte salina que irá ligar as soluções em dois recipientes distintos. No primeiro recipiente, adiciona-se a solução que contém íons de zinco e o eletrodo de zinco, e no segundo recipiente, a solução com íons de cobre e o eletrodo de cobre. Os eletrodos são conectados por um fio, podendo ser posicionado entre os eletrodos um multímetro ou um equipamento que, recebendo a corrente elétrica, possa ser acionado. A ponte salina é nada mais que um agente de fornecimento de cátions e ânions com intuito de equilibrar/neutralizar as soluções que terão excesso ou carência de elétrons. A ponte salina recebe esse nome por ser composta de uma solução que pode ser de cloreto de sódio (NaCl) ou cloreto de potássio (KCl), imersa num tubo em U cujas extremidades são fechadas com algodão para permitir a passagem dos íons. Uma representação esquemática do experimento da pilha de Daniell em laboratório encontra-se na figura 6.7 a seguir.

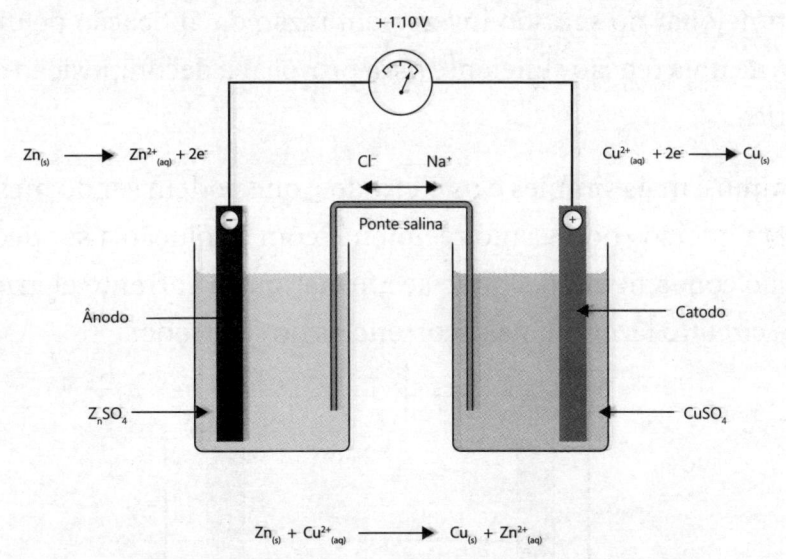

Figura 6.7 Experimento em laboratório da pilha de Daniell

A pilha da figura 6.8 também pode ser representada por:

$$Zn_{(s)} / Zn^{2+}_{(aq)} // Cu^{2+}_{(aq)} / Cu_{(s)}$$

Ou por suas semirreações:

$$Zn_{(s)} \rightarrow Zn^{2+} + 2\bar{e} \text{ e } Cu^{2+} + 2\bar{e} \rightarrow Cu_{(s)}$$

A ideia de Daniell proporcionou o desenvolvimento de novas metodologias que prolongam o tempo de vida útil das pilhas, e hoje temos baterias com maior durabilidade e tipos recarregáveis.

Células galvânicas e células eletrolíticas

Conforme mencionado, células eletroquímicas são dispositivos criados com o objetivo de geração de uma força eletromotriz num condutor que separa duas meias-reações de oxirredução. Nesse caso, a corrente é gerada pela transferência de elétrons entre as soluções e os condutores. Como já vimos, estas são chamadas células galvânicas.

Existe também um segundo tipo de células eletroquímicas, nas quais a energia elétrica proveniente de uma fonte externa é utilizada para produzir reações químicas; nesse caso denominadas células eletroquímicas.

As células galvânicas já foram bem descritas neste capítulo, vamos agora entender o funcionamento de uma célula eletrolítica.

Uma célula eletrolítica pode ser considerada uma célula galvânica forçada a funcionar no sentido inverso em razão da aplicação de um circuito externo, de uma tensão suficiente para provocar a decomposição da solução eletrolítica.

O arranjo é mais simples e os eletrodos, que podem ser do mesmo material, ficam imersos no mesmo recipiente com a solução a ser decomposta. De acordo com a figura 6.8 pode-se afirmar que a corrente elétrica que alimenta o circuito faz mudar as ocorrências nos eletrodos.

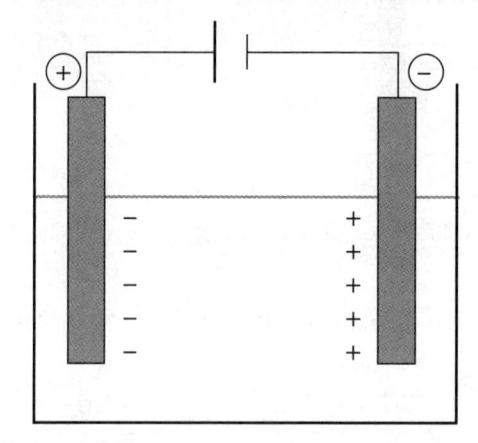

Figura 6.8 Esquema simplificado de eletrólise

Os elétrons migrarão do polo negativo para a solução, atraindo, por sua vez, os cátions presentes, e por isso esse polo será chamado de cátodo, por desempenhar a função de atrair os cátions. Por sua vez, o eletrodo oposto (positivo), deficitário de elétrons, atrairá os ânions presentes na solução e será chamado de ânodo. Na célula galvânica, a reação é quem provê energia elétrica para alimentar o circuito e são necessários metais com potenciais de redução distintos que direcionem o fluxo de elétrons; na célula eletrolítica, a energia elétrica é convertida em energia química e, por isso, as considerações de cátodo e ânodo deverão ser bem observadas, pois, nesse caso, tanto o cátodo como o ânodo são do mesmo material e o fluxo de elétrons é de responsabilidade do gerador de energia elétrica. Assim sendo, o cátodo sofrerá redução e o ânodo sofrerá oxidação – o inverso da célula galvânica.

Em síntese, as principais diferenças entre a célula eletrolítica e a célula galvânica podem ser encontradas na tabela 6.2 a seguir.

TABELA 6.2 DIFERENÇAS ENTRE AS CÉLULAS ELETROLÍTICAS E CÉLULAS GALVÂNICAS

CÉLULA ELETROLÍTICA	CÉLULA GALVÂNICA
Processo não espontâneo.	Processo espontâneo.
Transforma energia elétrica em energia química.	Transforma energia química em energia elétrica.
ânodo: polo negativo originado pelo gerador de energia elétrica do qual se desprendem os elétrons, sofrendo oxidação.	*ânodo*: polo positivo originado pela diferença de potenciais-padrão de redução dos metais usados como eletrodos, que, nesse caso, irá atrair os elétrons do outro eletrodo com menor potencial de redução. Aqui, o ânodo sofre redução.
cátodo: polo positivo originado pelo gerador de energia elétrica ao qual serão atraídos os elétrons da solução eletrolítica. É observada a redução.	*cátodo*: polo negativo originado pela diferença de potenciais-padrão de redução dos metais usados como eletrodos, que, nesse caso, irá ceder os elétrons ao outro eletrodo com maior potencial de redução. Aqui, o cátodo sofre oxidação.

Processos que envolvem eletrólise são bastante aplicados na indústria química, na produção de metais como o magnésio, potássio, alumínio etc., além de ser um processo que serve para purificar vários metais e atuar como revestimento deles.

6.5 Corrosão

Nos processos eletroquímicos, a corrosão está associada ao fenômeno de perda de elétrons ou por ação de um fator externo ou pela diferença do potencial-padrão de redução. A oxidação de quase todos os metais acontece em contato com o ar a temperatura ambiente ou mesmo embaixo d'água na presença de oxigênio livre; com caráter destrutivo, torna-se indesejável na indústria. A oxidação de diferentes metais gera diferentes óxidos, muitos dos quais são caracterizados por cores particulares.

Um fator curioso é que a corrosão pode levar à formação de uma camada superficial de óxido (do metal em uso) aderente à peça e que a protege, impedindo a oxidação com desgaste do metal que constitui a peça. Esse fenômeno é o que protege, por exemplo, o alumínio, do contrário todas aquelas "latas" de refrigerante amontoadas nos lixões não aparentariam tamanha estabilidade, opondo-se à corrosão pela simples exposição ao ar. Na verdade, uma forma hidratada do Al_2O_3 protege a peça de alumínio e, por se tratar de um óxido impermeável ao O_2 e à H_2O, a corrosão do alumínio exposto à atmosfera é bastante lenta. Considerando-se os diferentes potenciais de redução, é possível observar, experimentalmente, que metais com potenciais de redução menores têm maior tendência a transferirem seus elétrons em presença de água e oxigênio, formando, portanto, seus respectivos óxidos.

> "De um modo geral, a corrosão é um processo resultante da ação do meio sobre um determinado material, causando sua deterioração. Apesar da estreita relação com os metais, esse fenômeno ocorre em outros materiais, como concreto e polímeros orgânicos, entre outros." (MERÇON, 2004)

No que se diz respeito à oxidação do ferro, só será percebida ação de "enferrujamento" na água se houver oxigênio dissolvido, do contrário a oxidação não será observada. O mais interessante é que a ação oxidante só acontece na água, pois se o ferro estiver imerso em óleo, mesmo contendo oxigênio dissolvido, não será observada a oxidação. Por outro lado, a corrosão do ferro em circuitos de equipamentos eletrônicos, bastante observada em regiões próximas ao mar, pode ser causada pela ação do "ar carregado de material salino", comumente chamado de maresia.

> "Cientificamente, o termo corrosão tem sido empregado para designar o processo de destruição total, parcial, superficial ou estrutural dos materiais por um ataque eletroquímico, químico ou eletrolítico. Com base nesta definição, pode-se classificar a corrosão em: eletroquímica, química e eletrolítica." (MERÇON, 2004)

A **_corrosão_** eletroquímica requer que o metal esteja em contato com um eletrólito e que sejam observadas as reações de oxidação e redução.

> "É mais frequente na natureza e se caracteriza por realizar-se necessariamente na presença de água, na maioria das vezes a temperatura ambiente e com a formação de uma pilha de corrosão." (MERÇON, 2004)

A principal característica da corrosão química é que ela não necessita de água; o ataque sobre o material metálico ocorre por ação de um agente químico e não é observada transferência de elétrons (fenômenos de oxidação e redução).

> "No caso de um metal, o processo consiste numa reação química entre o meio corrosivo e o material metálico, resultando na formação de um produto de corrosão sobre a sua superfície." (MERÇON, 2004)

Outros exemplos podem ser observados em:

- Solventes ou agentes oxidantes podem quebrar as macromoléculas de polímeros (plásticos e borrachas), degradando-os.
- Concreto armado de construções pode sofrer corrosão com o passar do tempo por agentes poluentes. Em sua constituição há silicatos, aluminatos de cálcio e óxido de ferro que são decompostos por ácidos.

EXEMPLO

Corrosão

© Sonia Hey

O simples contato com metal promove espontaneamente a corrosão, vistos os diferentes potenciais de redução.

> **EXEMPLO**
>
> Corrosão eletrolítica
>
> Exemplo de corrosão eletrolítica em tubulação.

Outro exemplo é o efeito da chuva ácida sobre monumentos e construções como observado na figura 6.9.

Figura 6.9 Efeito da chuva ácida provocando corrosão em monumentos

> "A **_corrosão eletrolítica_** se caracteriza por ser um processo eletroquímico que se dá com a aplicação de corrente elétrica externa, ou seja, trata-se de uma corrosão não espontânea. Esse fenômeno é provocado por correntes de fuga, também chamadas de parasitas ou estranhas, e ocorre com frequência em tubulações de petróleo e de água potável, em cabos telefônicos enterrados, em tanques de postos de gasolina etc." (MERÇON, 2004)

Para efeito de prevenção da ação da corrosão, o ferro pode ser revestido por outro metal de potencial de redução mais baixo, como o zinco. Uma fina película é necessária, e nesse caso o ferro atua como cátodo na corrosão eletroquímica e o zinco é que será o metal oxidado. A esse tipo de proteção denomina-se *proteção catódica*, uma vez que o metal principal será induzido ao comportamento de cátodo, e o metal de revestimento sofrerá a oxidação. Ele é denominado ânodo de sacrifício, pois este sofrerá oxidação no lugar do metal principal.

Aplicações de processos eletroquímicos para minimizar os efeitos da corrosão

LEITURA

Redução do alumínio

A obtenção do alumínio ocorre pela redução da alumina calcinada em cubas eletrolíticas, a altas temperaturas, no processo conhecido como Hall-Héroult. São necessárias duas toneladas de alumina para produzir uma tonelada de metal primário pelo processo de redução.

A transformação da alumina calcinada em alumínio metálico pode ser assim exemplificada:

- A alumina é dissolvida em um banho de criolita fundida e fluoreto de alumínio em baixa tensão, decompondo-se em oxigênio;
- O oxigênio se combina com o ânodo de carbono, desprendendo-se na forma de dióxido de carbono e em alumínio líquido, que se precipita no fundo da cuba eletrolítica;
- O metal líquido (já alumínio primário) é transferido para a refusão através de cadinhos;
- São produzidos os lingotes, as placas e os tarugos de metal primário.

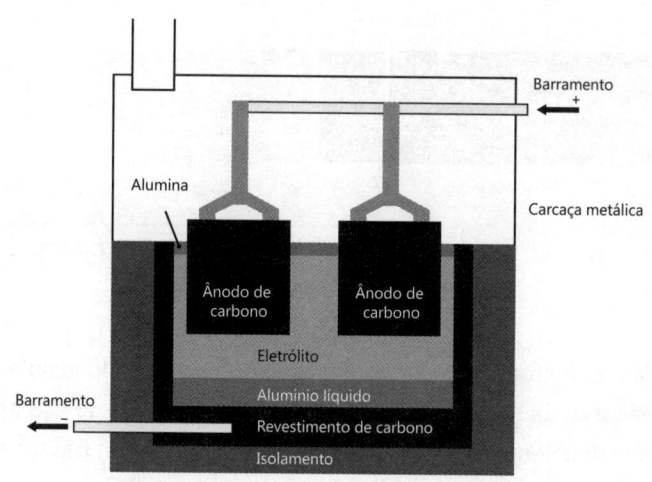

(Texto disponível em: http://www.abal.org.br/aluminio/cadeia-primaria/)

LEITURA

Proteção galvânica

Quando uma chapa de aço (liga ferro-carbono) é galvanizada, isso significa que uma determinada quantidade de um outro metal, usualmente o zinco, passa a revestir ambas as faces, constituindo assim uma barreira física (chamada eletrodeposição, só é possível esse revestimento devido às diferenças nos potenciais de redução dos metais). A isto é comum designar por proteção por barreira, ou seja, o aço não sofre corrosão visto que uma barreira o reveste e o impede de estar exposto.

Um importante mecanismo é a capacidade do zinco de proteger galvanicamente o aço, ou seja, quando o aço é exposto, tal como num corte ou num risco, o metal é protegido pela corrosão sacrificial do zinco adjacente. Isto acontece porque o zinco possui maior tendência à oxidação – corrosão – que o aço. Na prática, isto significa que o revestimento em zinco não será afetado pela sua superfície inferior, uma vez que o aço, situado por baixo, não sofrerá corrosão em toda a zona adjacente ao zinco. Ou seja, uma vez que é mais reativo, o zinco exposto sofrerá corrosão mais rapidamente do que o aço. Os produtos químicos resultantes da imediata oxidação do zinco criarão uma nova 'pele' que, não sendo solúvel na água, fornecerá nova barreira protetora ao metal que reveste, não permitindo que este último chegue a oxidar. Qualquer exposição do metal base, devido a dano no revestimento em zinco ou na extremidade cortada, não resultará na corrosão do aço e, portanto, não afetará o desempenho tanto do galvanizado como das propriedades estruturais do aço.

(Texto disponível em: http://www.futureng.pt/proteccao-galvanica)

O revestimento do aço pelo zinco pode ser entendido acompanhando três etapas principais: Formação de camadas

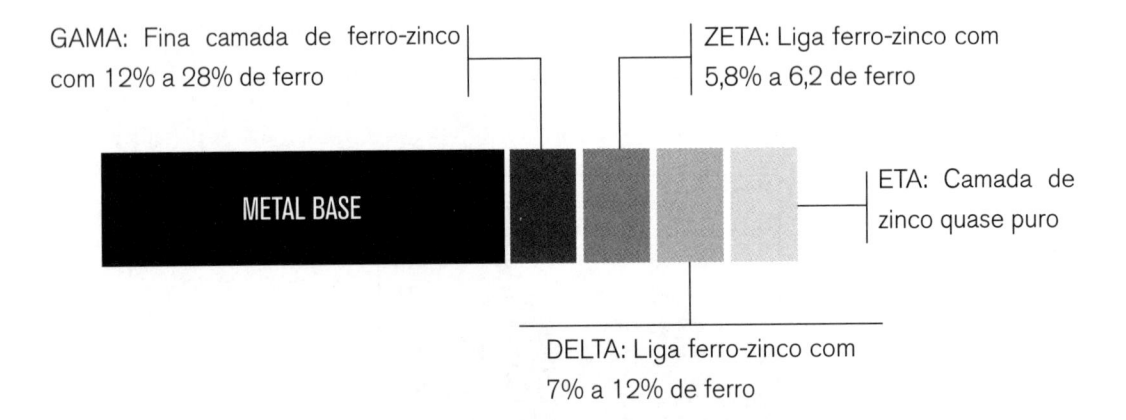

GAMA: Fina camada de ferro-zinco com 12% a 28% de ferro

ZETA: Liga ferro-zinco com 5,8% a 6,2 de ferro

METAL BASE

ETA: Camada de zinco quase puro

DELTA: Liga ferro-zinco com 7% a 12% de ferro

As três primeiras fases são formadas devido à reação entre o zinco fundido e o aço, chamadas de fases intermediárias. Esta reação pode continuar após a retirada do aço de dentro da cuba, se a velocidade de resfriamento for baixa. A última fase, denominada Eta (de zinco puro) é formada pela solidificação do zinco fundido aderido à peça por arraste.

(Figura e texto disponíveis em: http://www.masterzinc.com.br/processo_26.html)

EXERCÍCIOS DE FIXAÇÃO

1) Um motor de automóvel converte calor em trabalho através de um ciclo. O ciclo tem que terminar exatamente onde ele começou, de modo que a energia do ciclo tem que ser exatamente a mesma energia no fim do ciclo. Se o motor faz 250 J de trabalho por ciclo, quanto calor ele deve absorver? Explique.

2) Alguns chefes de cozinha mantêm o bicarbonato de sódio, $NaHCO_3$, à mão para apagar pequenos incêndios causados pela combustão da gordura. Quando lançado sobre as chamas,

o bicarbonato de sódio abafa parcialmente o fogo, e o calor o decompõe, formando o CO_2, que abafa ainda mais as chamas. A equação que representa a decomposição do $NaHCO_3$ é:

$$NaHCO_{3(s)} \xrightarrow{calor} Na_2CO_{3(s)} + H_2O_{(l)} + CO_{2(g)}$$

De acordo com a tabela A1 (apêndice), calcular o ΔH para esta reação em quilojoules.

3) Calcule ΔG_0 para a reação da ureia com a água a partir de valores de ΔH^0 e ΔS^0.

$$CO(NH_2)_{2(aq)} + H_2O_{(l)} \rightarrow CO_{2(g)} + 2NH_{3(g)}$$

Utilizar os dados das tabelas no apêndice.

4) O isoctano (C_8H_{18}), um importante constituinte da gasolina, tem um ponto de ebulição de 99,3 °C. Qual é o ΔS^0 (em $J.mol^{-1}K^{-1}$) para a vaporização de 1 mol de isoctano?

5) O clorofórmio, usado como anestésico e atualmente considerado um agente carcinogênico (agente causador do câncer), tem um calor de vaporização, $\Delta H_{vaporização}$ = 31,4 $kJ.mol^{-1}$. A mudança de estado físico pode ser descrita pela equação $CHCl_{3(l)} \rightarrow CHCl_{3(g)}$. A que temperatura espera-se que o $CHCl_3$ entre em ebulição (ou seja, a que temperatura o líquido e o vapor estarão em equilíbrio à pressão 1 atm)? Dado: ΔS^0 = 94,2 $J.mol^{-1}.K^{-1}$

6) Para cada par de substâncias (utilize tabela de potenciais padrão da página 191), escolher o melhor agente redutor.
a) $Sn_{(s)}$ ou $Ag_{(s)}$
b) $Cl^-_{(aq)}$ ou $Br^-_{(aq)}$
c) $Co_{(s)}$ ou $Zn_{(s)}$
d) $I^-_{(aq)}$ ou $Au_{(s)}$

7) Use a tabela do apêndice para calcular o potencial-padrão de cada uma das seguintes reações:

a) $NO^-_{3(aq)} + 4H^+_{(aq)} + 3Fe^{2+}_{(aq)} \rightarrow 3Fe^{3+}_{(aq)} + NO_{(g)} + 2Ag^+_{(aq)}$

b) $Br_{2(aq)} + 2Cl^-_{(g)} \rightarrow Cl_{2(g)} + 2Br^-_{(g)}$

8) Diga a natureza da corrosão que pode ocorrer se um cano de ferro for fixado numa parede por pregos de alumínio.

9) Quando uma peça de ferro está revestida por estanho, o estanho opera com ânodo de sacrifício e protege o ferro da corrosão? Explique.

10) O evento mais conhecido da corrosão é a chamada ferrugem em objetos de ferro expostos à ação de intempéries. Dê as reações anódica e catódica que provocam a corrosão do ferro metálico a ferro (II) em solução aquosa.

REFERÊNCIAS BIBLIOGRÁFICAS

ATKINS, P.; PAULA, J. de. *Físico-química*. v. 1. Trad. e publicação por acordo com a Oxford University Press. 7. ed. Rio de Janeiro: LTC, 2003.

BARROS, H.L. de C. Processos endotérmicos e exotérmicos: uma visão atômico molecular. *Química Nova na Escola*, v. 31, nº 4, 2009.

BOCCHI, N.; FERRACIN, L. C.; BIAGGIO, S.R. Pilhas e baterias: funcionamento e impacto ambiental. *Química Nova na Escola*, nº 11, 2000.

BRADY, James; SENESE, Fred. *Química:* a matéria e suas transformações – Trad. e rev. técnica Edilson Clemente da Silva *et al.* Rio de Janeiro: LTC, 2009.

MERÇON, F.; GUIMARÃES, P. I. C., MAINIER, F.B. Corrosão: um exemplo usual de fenômeno químico. *Química Nova na Escola*, nº 19, 2004.

OLIVEIRA, L. A. A.; VALLE, G. G.; ZANLUQUI, L. A. Construção de pilhas elétricas simples: um experimento integrado de química e física. *Eclética Química*, v. 26, 2001.

PALMA, M. H. C.; TIERA, V. A. de O. Oxidação de metais. *Química Nova na Escola*, nº 18, 2003.

IMAGENS DO CAPÍTULO

Alessandro Volta © Nicku | Dreamstime.com – Alessandro Volta (foto).

Chuva ácida © SimonHS | iStock.com – estátua de Joseph Priestley na área central da cidade de Leeds, West Yorkshire, Inglaterra.

Corrosão © Sonia Hey (foto) – coluna na Cisterna Basílica em Istambul, Turquia.

Corrosão eletrolítica © Jean-Philippe Dufour | freeimages.com – cano enferrujado.

Elos de corrente © Troninphoto | Dreamstime.com – corrente enferrujada (foto).

Explosão de dinamite © Bildvision | Dreamstime.com – Explosão de calcário na pedreira Quarry. GN em Pershie KEEA, Gana (foto).

Fluxo da direção de energia © Hyrman | Dreamstime.com – copo d'água com gelo em fundo azul (foto).

GABARITO

1) +250 J. Como $\Delta E = q + w$, para que a energia seja a mesma, a soma das contribuições de calor e trabalho que definem a energia interna do sistema devem se anular. Uma vez que o motor realiza trabalho, $w = -250$ J, e por isso o motor deverá absorver +250 J para que a energia interna não se modifique.

2) $\Delta H^0 = +85,00$ kJ.

3) $\Delta G^0 = +13,4$ kJ.

4) $\Delta S^0 = 101$ J.mol^{-1} K^{-1}.

5) 333 K.

6) a) $Sn_{(s)}$
   b) $Br^-_{(aq)}$
   c) $Zn(s)$
   d) $I^-_{(aq)}$

7) a) 0,19 V
   b) –0,29 V

8) É possível a formação de pilha voltaica no ponto de contato dos dois metais. O metal que for oxidado com maior facilidade opera como ânodo e o outro como cátodo. A comparação entre os potenciais-padrão de redução do **Fe** e do **Al** mostram que o **Fe** será o cátodo, pois seu potencial-padrão de redução é menos negativo que o do alumínio (ver tabela no apêndice).

9) Não protege. Para ser ânodo de sacrifício o metal deve ter potencial de redução mais negativo do que o do Fe^{2+}. O E_{red} do Sn^{2+} é –0,14 e o do Fe^{2+} é –0,44.

10) No ânodo $Fe_{(s)} \rightarrow Fe^{2+}_{(aq)} + 2\bar{e}$
    No cátodo $O_{2(g)} + 4H^+_{(aq)} + 2\bar{e}$

Apêndice

TABELA A1 ENTALPIAS-PADRÃO DE FORMAÇÃO

SUBSTÂNCIA	ΔH_F^0 (KJ.MOL^{-1})	SUBSTÂNCIA	ΔH_F^0 (KJ.MOL^{-1})
$Ag_{(s)}$	0	$H_2O_{2(l)}$	−187,60
$AgBr_{(s)}$	−100,40	$HBr_{(g)}$	−36,00
$AgCl_{(s)}$	−127,00	$HCl_{(g)}$	−92,30
$Al_{(s)}$	0	$HI_{(g)}$	26,60
$Al_2O_{3(s)}$	−1669,80	$HNO_{3(l)}$	−172,30
$C_{(s,\ grafita)}$	0	$H_2SO_{4(l)}$	−811,32
$CO_{(g)}$	−110,50	$HC_2H_3O_{2(l)}$	−487,00
$CO_{2(g)}$	−393,50	$Hg_{(l)}$	0
$CH_{4(g)}$	−74,84	$Hg_{(g)}$	60,84
$CH_3Cl_{(g)}$	−82,00	$I_{2(g)}$	0
$CH_3I_{(g)}$	14,20	$K_{(s)}$	0
$CH_3OH_{(l)}$	−238,60	$KCl_{(s)}$	−435,89
$CO(NH_2)_{2(s)}$ ureia	−333,19	$K_2SO_{4(s)}$	−1433,70
$CO(NH_2)_{2(aq)}$	−391,20	$N_{2(g)}$	0
$C_2H_{2(g)}$	226,75	$NH_{3(g)}$	−46,19
$C_2H_{4(g)}$	52,28	$NH_4Cl_{(s)}$	−315,40

SUBSTÂNCIA	ΔH_F^0 (KJ.MOL^{-1})	SUBSTÂNCIA	ΔH_F^0 (KJ.MOL^{-1})
$C_2H_{6(g)}$	−84,67	$NO_{(g)}$	90,37
$C_2H_5OH_{(l)}$	−277,63	$NO_{2(g)}$	33,80
$Ca_{(s)}$	0	$N_2O_{(g)}$	81,57
$CaBr_{2(s)}$	−682,80	$N_2O_{4(g)}$	9,67
$CaCO_{3(s)}$	−1207,00	$N_2O_{5(g)}$	11,00
$CaCl_{2(s)}$	−795,00	$Na_{(s)}$	0
$CaO_{(s)}$	−635,50	$NaHCO_{3(s)}$	−947,70
$Ca(OH)_{2(s)}$	−986,59	$Na_2CO_{3(s)}$	−1131,00
$CaSO_{4(s)}$	−1432,70	$NaCl_{(s)}$	−411,00
$CaSO_4.1/2H_2O_{(s)}$	−1575,20	$NaOH_{(s)}$	−426,80
$CaSO_4.2H_2O_{(s)}$	−2021,10	$Na_2SO_{4(s)}$	−1384,50
$Cl_{2(g)}$	0	$O_{2(g)}$	0
$Fe_{(s)}$	0	$Pb_{(s)}$	0
$Fe_2O_{3(s)}$	−822,20	$PbO_{(s)}$	−219,20
$H_{2(g)}$	0	$S_{(s)}$	0
$H_2O_{(g)}$	−241,80	$SO_{2(g)}$	−296,90
$H_2O_{(l)}$	−285,90	$SO_{3(g)}$	−395,20

TABELA A2 ENTROPIAS-PADRÃO DE ALGUMAS SUBSTÂNCIAS TÍPICAS A 298,15 K

SUBSTÂNCIA	ΔS_F^0 (J.MOL^{-1}.K^{-1})	SUBSTÂNCIA	ΔS_F^0 (J.MOL^{-1}.K^{-1})
$Ag_{(s)}$	42,55	$H_2O_{(g)}$	188,70
$AgCl_{(s)}$	96,20	$H_2O_{(l)}$	69,96
$Al_{(s)}$	28,30	$HCl_{(g)}$	186,70
$Al_2O_{3(s)}$	51,00	$HNO_{3(l)}$	155,60
$C_{(s,\,grafita)}$	5,69	$H_2SO_{4(l)}$	157,00
$CO_{(g)}$	197,90	$HC_2H_3O_{2(l)}$	160,00
$CO_{2(g)}$	213,60	$Hg_{(l)}$	76,10
$CH_{4(g)}$	186,20	$Hg_{(g)}$	175,00
$CH_3Cl_{(g)}$	234,20	$K_{(s)}$	64,18
$CH_3OH_{(l)}$	126,80	$KCl_{(s)}$	82,59
$CO(NH_2)_{2(s)}$ ureia	104,60	$K_2SO_{4(s)}$	176,00
$CO(NH_2)_{2(aq)}$	173,80	$N_{2(g)}$	191,50
$C_2H_{2(g)}$	200,80	$NH_{3(g)}$	192,50
$C_2H_{4(g)}$	219,80	$NH_4Cl_{(s)}$	94,60
$C_2H_{6(g)}$	229,50	$NO_{(g)}$	210,60
$C_2H_5OH_{(l)}$	161,00	$NO_{2(g)}$	240,50
$C_8H_{18(l)}$	466,90	$N_2O_{(g)}$	220,00

SUBSTÂNCIA	ΔS^0_F (J.MOL^{-1}.K^{-1})	SUBSTÂNCIA	ΔS^0_F (J.MOL^{-1}.K^{-1})
$Ca_{(s)}$	41,40	$N_2O_{4(g)}$	304,00
$CaCO_{3(s)}$	92,90	$Na_{(s)}$	51,00
$CaCl_{2(s)}$	114,00	$Na_2CO_{3(s)}$	136,00
$CaO_{(s)}$	40,00	$NaHCO_{3(s)}$	102,00
$Ca(OH)_{2(s)}$	76,10	$NaCl_{(s)}$	72,38
$CaSO_{4(s)}$	107,00	$NaOH_{(s)}$	64,18
$CaSO_4.1/2H2O_{(s)}$	131,00	$Na_2SO_{4(s)}$	149,49
$CaSO_4.2H2O_{(s)}$	194,00	$O_{2(g)}$	205,00
$Cl_{2(g)}$	223,00	$PbO_{(s)}$	67,80
$Fe_{(s)}$	27,00	$S_{(s)}$	31,90
$Fe_2O_{3(s)}$	90,00	$SO_{2(g)}$	248,50
$H_{2(g)}$	130,60	$SO_{3(g)}$	256,20

TABELA A3 ENERGIA LIVRE-PADRÃO DE FORMAÇÃO DE SUBSTÂNCIAS TÍPICAS A 298,15 K

SUBSTÂNCIA	ΔG^0_F (J.MOL^{-1}.K^{-1})	SUBSTÂNCIA	ΔG^0_F (J.MOL^{-1}.K^{-1})
$Ag_{(s)}$	0	$H_2O_{(g)}$	−228,60
$AgCl_{(s)}$	−197,70	$H_2O_{(l)}$	−237,20
$Al_{(s)}$	0	$HCl_{(g)}$	−95,27

SUBSTÂNCIA	ΔG_F^0 (J.MOL^{-1}.K^{-1})	SUBSTÂNCIA	ΔG_F^0 (J.MOL^{-1}.K^{-1})
$Al_2O_{3(s)}$	−1576,40	$HNO_{3(l)}$	−79,91
$C_{(s,\ grafita)}$	0	$H_2SO_{4(l)}$	−689,90
$CO_{(g)}$	−137,30	$HC_2H_3O_{2(l)}$	−392,50
$CO_{2(g)}$	−394,40	$Hg_{(l)}$	0
$CH_{4(g)}$	−50,79	$Hg_{(g)}$	+37,80
$CH_3Cl_{(g)}$	−58,60	$K_{(s)}$	0
$CH_3OH_{(l)}$	−166,20	$KCl_{(s)}$	−408,30
$CO(NH_2)_{2(s)}$ ureia	−197,20	$K_2SO_{4(s)}$	−1316,40
$CO(NH_2)_{2(aq)}$	−203,80	$N_{2(g)}$	0
$C_2H_{2(g)}$	+209,00	$NH_{3(g)}$	−16,70
$C_2H_{4(g)}$	+68,12	$NH_4Cl_{(s)}$	−203,90
$C_2H_{6(g)}$	−32,90	$NO_{(g)}$	+86,69
$C_2H_5OH_{(l)}$	−174,80	$NO_{2(g)}$	+51,84
$C_8H_{18(l)}$	+17,30	$N_2O_{(g)}$	+103,60
$Ca_{(s)}$	0	$N_2O_{4(g)}$	+98,28
$CaCO_{3(s)}$	−1128,80	$Na_{(s)}$	0
$CaCl_{2(s)}$	−750,20	$Na_2CO_{3(s)}$	−1048,00

SUBSTÂNCIA	ΔG_F^0 (J.MOL^{-1}.K^{-1})	SUBSTÂNCIA	ΔG_F^0 (J.MOL^{-1}.K^{-1})
$CaO_{(s)}$	−604,20	$NaHCO_{3(s)}$	−851,90
$Ca(OH)_{2(s)}$	−896,76	$NaCl_{(s)}$	−384,00
$CaSO_{4(s)}$	−320,30	$NaOH_{(s)}$	−382,00
$CaSO_4 \cdot 1/2H2O_{(s)}$	−1435,20	$Na_2SO_{4(s)}$	−1266,80
$CaSO_4 \cdot 2H2O_{(s)}$	−1795,70	$O_{2(g)}$	0
$Cl_{2(g)}$	0	$PbO_{(s)}$	−189,30
$Fe_{(s)}$	0	$S_{(s)}$	0
$Fe_2O_{3(s)}$	−741,00	$SO_{2(g)}$	−300,40
$H_{2(g)}$	0	$SO_{3(g)}$	−370,40

ANOTAÇÕES

ANOTAÇÕES

ANOTAÇÕES

ANOTAÇÕES

ANOTAÇÕES